KB144476

쌘!합격

ON

당신도 이번에 반드시 합격합니다!

무료강의

소방안전관리자 1급
합격노트

우석대학교 소방방재학과 교수 / 한국소방안전원 초빙교수 역임 **공하성** 지음

BM (주)도서출판 **성안당**

■ **도서 A/S 안내**

성안당에서 발행하는 모든 도서는 저자와 출판사, 그리고 독자가 함께 만들어 나갑니다.

좋은 책을 펴내기 위해 많은 노력을 기울이고 있습니다. 혹시라도 내용상의 오류나 오탈자 등이 발견되면 "좋은 책은 나라의 보배"로서 우리 모두가 함께 만들어 간다는 마음으로 연락주시기 바랍니다. 수정 보완하여 더 나은 책이 되도록 최선을 다하겠습니다.

성안당은 늘 독자 여러분들의 소중한 의견을 기다리고 있습니다. 좋은 의견을 보내주시는 분께는 성안당 쇼핑몰의 포인트(3,000포인트)를 적립해 드립니다.

잘못 만들어진 책이나 부록 등이 파손된 경우에는 교환해 드립니다.

저자 문의 : pf.kakao.com/_Cuxjxkb/chat (공하성)
            cafe.naver.com/119manager

본서 기획자 e-mail : coh@cyber.co.kr(최옥현)

홈페이지 : http://www.cyber.co.kr   전화 : 031) 950-6300

Preface  머리말

소방안전관리자 1급!! 한번에 합격할 수 있습니다.

쉽고 빠르게 공부할 수 있도록 합격노트를 만들었습니다.

저는 소방분야에서 20여 년간 몸담았고 학생들에게 소방안전관리자 교육을 꾸준히 해왔습니다. 그래서 다년간 한국소방안전원에서 초빙교수로 소방안전관리자 교육을 하면서 어떤 문제가 주로 출제되고, 어떻게 공부하면 한번에 합격할 수 있는지 잘 알고 있습니다.

이 합격노트는 한국소방안전원 교재를 함께보면서 공부할 수 있도록 구성했습니다. 하루 8시간씩 받는 강습 교육은 매우 따분하고 힘든 교육입니다. 이때 강습 교육을 받으면서 이 합격노트로 함께 시험 준비를 하면 효과 '짱'입니다.

이에 강습 교육시 함께 공부할 수 있도록 이 합격노트에 한국소방안전원 교재페이지를 넣었습니다. 강습 교육 중 출제가 될 수 있는 중요한 내용을 이 합격노트에 표시하면서 공부하면 보다 효과적일 것입니다.

한번에 합격하신 여러분들의 밝은 미소를 기억하며…….
이 책에 대한 모든 영광을 그분께 돌려드립니다.

저자 공하성 올림

GUIDE 시험 가이드

① ▸▸ 시행처

한국소방안전원(www.kfsi.or.kr)

② ▸▸ 진로 및 전망

- 빌딩, 각 사업체, 공장 등에 소방안전관리자로 선임되어 소방안전관리자의 업무를 수행할 수 있다.
- 건물주가 자체 소방시설을 점검하고 자율적으로 화재예방을 책임지는 자율소방제도를 시행함에 따라 소방안전관리자에 대한 수요가 증가하고 있는 추세이다.

③ ▸▸ 시험접수

- 시험접수방법

구 분	시·도지부 방문접수 (근무시간 : 09:00~18:00)	한국소방안전원 사이트 접수 (www.kfsi.or.kr)
접수 시 관련 서류	• 응시수수료 결제(현금, 신용카드 등) • 사진 1매 • 응시자격별 증빙서류(해당자에 한함)	• 응시수수료 결제(신용카드, 무통장입금 등) • 증빙자료 접수 불가

- 시험접수 시 기본 제출서류
    - 시험응시원서 1부
    - 사진 1매(가로 3.5cm×세로 4.5cm)

4 ▶▶ 시험과목

1과목	2과목
소방안전관리자 제도	소방시설(소화 · 경보 · 피난구조 · 소화용수 · 소화활동설비)의 구조 · 점검 · 실습 · 평가
소방관계법령	소방계획 수립 이론 · 실습 · 평가 (화재안전취약자의 피난계획 등 포함)
건축관계법령	자위소방대 및 초기대응체계 구성 등 이론 · 실습 · 평가
소방학개론	작동기능점검표 작성 실습 · 평가
화기취급감독 및 화재위험작업 허가 · 관리	업무수행기록의 작성 · 유지 및 실습 · 평가
공사장 안전관리 계획 및 감독	구조 및 응급처치 이론 · 실습 · 평가
위험물 · 전기 · 가스 안전관리	소방안전 교육 및 훈련 이론 · 실습 · 평가
종합방재실 운영	화재 시 초기대응 및 피난 실습 · 평가
피난시설, 방화구획 및 방화시설의 관리	–
소방시설의 종류 및 기준	–
소방시설(소화 · 경보 · 피난구조 · 소화용수 · 소화활동설비)의 구조	

5 ▶▶ 출제방법

- **시험유형** : 객관식(4지 선택형)
- **출제문항수** : 50문항(과목별 25문항)
- **배점** : 1문제 4점
- **시험시간** : 1시간(60분)

6 ▶▶ 합격기준 및 시험일시

- **합격기준** : 매 과목 100점을 만점으로 하여 매 과목 40점 이상, 전 과목 평균 70점 이상
- **시험일정 및 장소** : 한국소방안전원 사이트(www.kfsi.or.kr)에서 시험 일정 참고

7 ▸▸ 합격자 발표

홈페이지에서 확인 가능

8 ▸▸ 지부별 연락처

지부(지역)	연락처	지부(지역)	연락처
서울지부(서울 영등포)	02-2671-9076~8	부산지부(부산 금정구)	051-553-8423~5
서울동부지부(서울 신설동)	02-3298-6951	대구경북지부(대구 중구)	053-429-6911, 7911
인천지부(인천 서구)	032-569-1971~2	울산지부(울산 남구)	052-256-9011~2
경기지부(수원 팔달구)	031-257-0131~3	경남지부(창원 의창구)	055-237-2071~3
경기북부지부(경기 파주시)	031-945-3118, 4118	광주전남지부(광주 광산구)	062-942-6679~81
대전충남지부(대전 대덕구)	042-638-4119, 7119	전북지부(전북 완주군)	063-212-8315~6
충북지부(청주 서원구)	043-237-3119, 4119	제주지부(제주시)	064-758-8047, 064-755-1193
강원지부(횡성군)	033-345-2119~20	–	–

차 례 CONTENTS

제1권

CONTENTS 차례

제**1**권

" 힘들다고 포기하거나 주저하지 마십시오.
당신은 반드시 해낼 수 있습니다. "

- H.S. Kong -

소방안전관리제도

당신도 해낼 수 있습니다.

소방안전관리제도

Key Point

＊ 소방안전관리제도
소방안전관리에 관한 전문
지식을 갖춘 자를 해당 건
축물에 선임토록 하여 소방
안전관리를 수행하는 민간
에서의 소방활동

**＊ 특정소방대상물 vs 소
방대상물**
① 특정소방대상물
다수인이 출입·근무하
는 장소 중 소방시설 설
치장소
② 소방대상물
소방차가 출동해서 불을
끌 수 있는 것
　㉠ **건**축물
　㉡ **차**량
　㉢ **선**박(항구에 매어 둔
　　선박)
　㉣ 선박건조구조물
　㉤ **산**림
　㉥ **인**공구조물 및 **물**건

공하성 기억법
건차선 산인물

＊ 지하구 　교재 1권 P.12
2급 소방안전관리대상물

01 특정소방대상물 소방안전관리

1 소방안전관리자 및 소방안전관리보조자를 선임하는 특정소방대상물 　교재 1권 PP.11-13

소방안전관리대상물	특정소방대상물
특급 소방안전관리대상물 (동식물원, 철강 등 불연성 물품 저장·취급 창고, 지하구, 위험물제조소 등 제외)	• **50층** 이상(지하층 제외) 또는 지상 **200m** 이상 **아파트** • **30층** 이상(지하층 포함) 또는 지상 **120m** 이상(아파트 제외) • 연면적 **10만m²** 이상(아파트 제외)
1급 소방안전관리대상물 (동식물원, 철강 등 불연성 물품 저장·취급 창고, 지하구, 위험물제조소 등 제외)	• **30층** 이상(지하층 제외) 또는 지상 _{지하층 포함 ×} **120m** 이상 **아파트** • 연면적 **15000m²** 이상인 것(아파트 제외) • **11층** 이상(아파트 제외) _{11층 미만 ×} • 가연성 가스를 **1000톤** 이상 저장·취급하는 시설
2급 소방안전관리대상물	• 지하구 • 가스제조설비를 갖추고 도시가스사업 허가를 받아야 하는 시설 또는 가연성 가스를 **100~1000톤** 미만 저장·취급하는 시설 • **옥내소화전설비, 스프링클러설비** 설치대상물 • **물분무등소화설비**(호스릴방식 제외) 설치대상물 • 공동주택(옥내소화전설비 또는 스프링클러설비가 설치된 공동주택 한정) • 목조건축물(국보·보물)
3급 소방안전관리대상물	• **자동화재탐지설비** 설치대상물 • **간이스프링클러설비**(주택전용 제외) 설치대상물

중요 최소 선임기준 교재 1권 PP.11-14

소방안전관리자	소방안전관리보조자
• 특정소방대상물마다 **1명**	• **300세대** 이상 아파트 : 1명(단, 300세대 초과마다 1명 이상 추가)
	• 연면적 **15000m²** 이상 : 1명 (단, 15000m² 초과마다 1명 이상 추가)
	• 공동주택(기숙사), 의료시설, 노유자시설, 수련시설 및 숙박시설(바닥면적 합계 1500m² 미만이고, 관계인이 24시간 상시 근무하고 있는 숙박시설 제외) : 1명

2 소방안전관리자의 선임자격

(1) 특급 소방안전관리대상물의 소방안전관리자 선임자격 교재 1권 P.11

자 격	경 력	비 고
• 소방기술사 • 소방시설관리사	경력 필요 없음	특급 소방안전관리자 자격증을 받은 사람
• 1급 소방안전관리자(소방설비기사)	5년	
• 1급 소방안전관리자(소방설비산업기사)	7년	
• 소방공무원	20년	
• 소방청장이 실시하는 특급 소방안전관리대상물의 소방안전관리에 관한 시험에 합격한 사람	경력 필요 없음	

＊ 특급 소방안전관리자
교재 1권 P.11
소방공무원 20년

5

* 1급 소방안전관리자
교재 1권 P.12
소방공무원 7년

* 2급 소방안전관리자
교재 1권 P.13
소방공무원 3년

(2) 1급 소방안전관리대상물의 소방안전관리자 선임 자격 교재 1권 P.12

자 격	경 력	비 고
• 소방설비기사 • 소방설비산업기사	경력 필요 없음	1급 소방안전관리자 자격증을 받은 사람
• 소방공무원	7년	
• 소방청장이 실시하는 1급 소방안전관리대상물의 소방안전관리에 관한 시험에 합격한 사람 • 특급 소방안전관리대상물의 소방안전관리자 자격이 인정되는 사람	경력 필요 없음	

(3) 2급 소방안전관리대상물의 소방안전관리자 선임 조건 교재 1권 P.13

자 격	경 력	비 고
• 위험물기능장 • 위험물산업기사 • 위험물기능사	경력 필요 없음	2급 소방안전관리자 자격증을 받은 사람
• 소방공무원	3년	
•「기업활동 규제완화에 관한 특별조치법」에 따라 소방안전관리자로 선임된 사람(소방안전관리자로 선임된 기간으로 한정) • 소방청장이 실시하는 2급 소방안전관리대상물의 소방안전관리에 관한 시험에 합격한 사람 • 특급 또는 1급 소방안전관리대상물의 소방안전관리자 자격이 인정되는 사람	경력 필요 없음	

(4) 3급 소방안전관리대상물의 소방안전관리자 선임 조건 교재 1권 P.13

자 격	경 력	비 고
● 소방공무원	1년	
●「기업활동 규제완화에 관한 특별조치법」에 따라 소방안전관리자로 선임된 사람(소방안전관리자로 선임된 기간으로 한정)	경력 필요 없음	3급 소방안전관리자 자격증을 받은 사람
● 소방청장이 실시하는 3급 소방안전관리대상물의 소방안전관리에 관한 시험에 합격한 사람		
● 특급, 1급 또는 2급 소방안전관리대상물의 소방안전관리자 자격이 인정되는 사람		

＊ 3급 소방안전관리자
교재 1권 P.13

소방공무원 1년

제**2**편

소방관계법령

상대성 원리

아인슈타인이 '상대성 원리'를 발견하고 강연회를 다니기 시작했다. 많은 단체 또는 사람들이 그를 불렀다.

30번 이상의 강연을 한 어느 날이었다. 전속 운전기사가 아인슈타인에게 장난스럽게 이런 말을 했다.

"박사님! 전 상대성 원리에 대한 강연을 30번이나 들었기 때문에 이제 모두 암송할 수 있게 되었습니다. 박사님은 연일 강연하시느라 피곤하실 텐데 다음번에는 제가 한번 강연하면 어떨까요?"

그 말을 들은 아인슈타인은 아주 재미있어하면서 순순히 그 말에 응하였다.

그래서 다음 대학을 향해 가면서 아인슈타인과 운전기사는 옷을 바꿔 입었다.

운전기사는 아인슈타인과 나이도 비슷했고 외모도 많이 닮았다.

이때부터 아인슈타인은 운전을 했고 뒷자석에는 운전기사가 앉아 있게 되었다. 학교에 도착하여 강연이 시작되었다.

가짜 아인슈타인 박사의 강의는 정말 훌륭했다. 말 한마디, 얼굴표정, 몸의 움직임까지도 진짜 박사와 흡사했다.

성공적으로 강연을 마친 가짜 박사는 많은 박수를 받으며 강단에서 내려오려고 했다. 그때 문제가 발생했다. 그 대학의 교수가 질문을 한 것이다.

가슴이 '쿵'하고 내려앉은 것은 가짜 박사보다 진짜 박사 쪽이었다.

운전기사 복장을 하고 있으니 나서서 질문에 답할 수도 없는 상황이었다.

그런데 단상에 있던 가짜 박사는 조금도 당황하지 않고 오히려 빙그레 웃으며 이렇게 말했다.

"아주 간단한 질문이오. 그 정도는 제 운전기사도 답할 수 있습니다."

그러더니 진짜 아인슈타인 박사를 향해 소리쳤다.

"여보게나? 이 분의 질문에 대해 어서 설명해 드리게나!"

그 말에 진짜 박사는 안도의 숨을 내쉬며 그 질문에 대해 차근차근 설명해 나갔다.

인생을 살면서 아무리 어려운 일이 닥치더라도 결코 당황하지 말고 침착하고 지혜롭게 대처하는 여러분들이 되시기 바랍니다.

제1장 소방기본법

01 소방기본법의 목적 [교재 1권 P.22]

(1) 화재**예방 · 경계** 및 **진압**
(2) 화재, 재난 · 재해 등 위급한 상황에서의 **구조 · 구급 활동**
(3) 국민의 **생명 · 신체** 및 **재산보호**
(4) 공공의 안녕 및 질서유지와 **복리증진**에 이바지

* 소방기본법의 궁극적인 목적 [교재 1권 P.22]
공공의 안녕 및 질서유지와 복리증진에 이바지

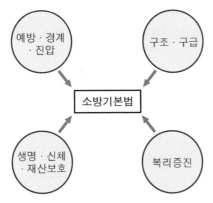

| 소방기본법의 목적 |

 목적

소방기본법 [교재 1권 P.22]	화재의 예방 및 안전관리에 관한 법률, 소방시설 설치 및 관리에 관한 법률 [교재 1권 P.34, P.53]
공공의 안녕 및 질서유지와 복리증진	공공의 안전과 복리증진

Key Point

＊ 관계인 교재 1권 P.23
① **소**유자
② **관**리자
③ **점**유자

공하성 기억법
소관점

02 소방대 교재 1권 P.24

(1) **소**방공무원
(2) **의**무소방원
(3) **의**용소방대원

공하성 기억법 의소(**의**용**소**방대)

용어 **소방대**

화재를 **진압**하고 화재, 재난·재해, 그 밖의 위급한 상황에서의 **구조·구급**활동 등을 하기 위하여 구성된 조직체

중요 **소방대상물** 교재 1권 P.23

소방차가 출동해서 불을 끌 수 있는 것
(1) **건**축물
(2) **차**량
(3) **선**박(항구에 **매어 둔 선박**)
　　　　항해 중인 선박 ×
(4) 선박건조구조물
(5) **산**림
(6) **인**공구조물 또는 **물**건

공하성 기억법 건차선 산인물

소방대상물 ×

‖ 운항 중인 선박 ‖

Key Point

중요 소방신호의 종류와 방법

종별 \ 신호방법	타종신호	사이렌 신호
경계신호	1타와 연 2타를 반복	5초 간격을 두고 30초씩 3회
발화신호	난타	5초 간격을 두고 5초씩 3회
해제신호	상당한 간격을 두고 1타씩 반복	1분간 1회
훈련신호	연 3타 반복	10초 간격을 두고 1분씩 3회

공하성 기억법

```
         타      사
경계    1+2    5+30=3
발      난     5+5=3
해      1      1=1
훈      3      10+1=3
```

03 ▶ 한국소방안전원

1 한국소방안전원의 설립목적 [교재 1권 P.31]

(1) **소방기술**과 안전관리기술의 향상 및 홍보
(2) **교육·훈련** 등 행정기관의 위탁사업의 추진
(3) 민·관의 소방발전

* 한국소방안전원의 설립
  목적 [교재 1권 P.31]
  민·관의 소방발전

Key Point

| 한국소방안전원 |

2 한국소방안전원의 업무   교재 1권 P.31

(1) 소방기술과 안전관리에 관한 **교육** 및 **조사·연구**
(2) 소방기술과 안전관리에 관한 각종 **간행물 발간**
(3) 화재예방과 안전관리 의식 고취를 위한 **대국민 홍보**
(4) 소방업무에 관하여 **행정기관**이 **위탁**하는 업무
(5) 소방안전에 관한 **국제협력**
(6) **회원**에 대한 **기술지원** 등 정관으로 정하는 사항

3 한국소방안전원의 회원자격   교재 1권 PP.31-32

(1) **소**방안전관리자
(2) **소**방기술자
(3) **위**험물안전관리자

공하성 기억법   소위(소위 계급)

* 한국소방안전원의 회원
  자격   교재 1권 PP.31-32
  ❖ 꼭 기억하세요 ❖

12

제2장 화재의 예방 및 안전관리에 관한 법률

01 화재의 예방 및 안전관리에 관한 법률의 목적

교재 1권 P.34

(1) 화재로부터 국민의 생명·신체 및 **재산보호**
(2) **공공**의 **안전**과 **복리증진** 이바지

＊ 소방시설 등
교재 1권 P.53
① 소화설비
② 경보설비
③ 피난구조설비
④ 소화용수설비
⑤ 소화활동설비

02 화재안전조사

1 화재안전조사의 정의 교재 1권 P.34

　소방청장, 소방본부장, 소방서장이 소방대상물, 관계지역 또는 관계인에 대하여 소방시설 등이 소방관계법령에 적합하게 설치·관리되고 있는지, 소방대상물에 화재발생위험이 있는지 등을 확인하기 위하여 실시하는 **현장조사·문서열람·보고요구** 등을 하는 활동

중요 소방관계법령

소방기본법	소방시설 설치 및 관리에 관한 법률	화재의 예방 및 안전관리에 관한 법률
● 한국소방안전원 ● 소방대장 ● 소방대상물 ● 수방대 ● 관계인	● 건축허가 등의 동의 ● 피난시설, 방화구획 및 방화시설 ● 방염 ● 자체점검	● 화재안전조사 ● 화재예방강화지구 (시·도지사) ● 화재예방조치(소방관서장)

＊ 화재안전조사 실시자
　교재 1권 P.34

① 소방청장
② 소방본부장
③ 소방서장

＊ 화재안전조사 관계인의 승낙이 필요한 곳
주거(주택)

② 화재안전조사의 실시대상　교재 1권 P.35

(1) 소방시설 등의 자체점검이 **불성실**하거나 불완전하다고 인정되는 경우

(2) **화재예방강화지구** 등 법령에서 화재안전조사를 하도록 규정되어 있는 경우

(3) **화재예방안전진단**이 **불성실**하거나 불완전하다고 인정되는 경우

(4) **국가적 행사** 등 주요 행사가 개최되는 장소 및 그 주변의 관계 지역에 대하여 소방안전관리 실태를 조사할 필요가 있는 경우

(5) **화재**가 **자주 발생**하였거나 발생할 우려가 뚜렷한 곳에 대한 조사가 필요한 경우

(6) **재난예측정보**, 기상예보 등을 분석한 결과 소방대상물에 화재의 발생 위험이 크다고 판단되는 경우

(7) 화재, 그 밖의 긴급한 상황이 발생할 경우 인명 또는 재산 피해의 우려가 **현저하다고** 판단되는 경우

③ 화재안전조사의 항목　교재 1권 P.35

(1) **화재**의 **예방조치** 등에 관한 사항

(2) 소방안전관리 업무 수행에 관한 사항

(3) **피난계획**의 수립 및 시행에 관한 사항

(4) **소방·통보·피난** 등의 훈련 및 소방안전관리에 필요한 교육에 관한 사항

(5) **소방자동차 전용구역**의 설치에 관한 사항

(6) 시공, 감리 및 감리원의 배치에 관한 사항

(7) 소방시설의 설치 및 관리에 관한 사항

Key Point

(8) **건설현장 임시소방시설**의 설치 및 관리에 관한 사항

(9) **피난시설, 방화구획** 및 **방화시설**의 관리에 관한 사항

(10) **방염**에 관한 사항

(11) 소방시설 등의 **자체점검**에 관한 사항

(12) 「**다중이용업소의 안전관리에 관한 특별법**」, 「**위험 물안전관리법**」, 「**초고층 및 지하연계 복합건축물 재난관리에 관한 특별법**」의 안전관리에 관한 사항

(13) 그 밖에 소방대상물에 화재의 발생 위험이 있는지 등 을 확인하기 위해 **소방관서장**이 화재안전조사가 필 요하다고 인정하는 사항

4 화재안전조사 방법 교재 1권 P.36

종합조사	부분조사
화재안전조사 항목 전체에 대해 실시하는 조사	**화재안전조사** 항목 중 일부를 확인하는 조사

5 화재안전조사 절차 교재 1권 P.36

(1) 소방관서장은 조사대상, 조사시간 및 조사사유 등 조 사계획을 소방관서의 인터넷 홈페이지나 전산시스템 을 통해 **7일** 이상 공개해야 한다.

(2) 소방관서장은 사전 통지 없이 화재안전조사를 실시하는 경우에는 화재안전조사를 실시하기 전에 관계인에게 조 사사유 및 조사범위 등을 현장에서 설명해야 한다.

(3) 소방관서장은 화재안전조사를 위하여 소속 공무원으 로 하여금 **관계인**에게 **보고** 또는 **자료**의 **제출**을 요 구하거나 소방대상물의 위치 · 구조 · 설비 또는 관리 상황에 대한 조사 · 질문을 하게 할 수 있다.

* 화재안전조사계획 공개 기간 교재 1권 P.36 7일

15

6 화재안전조사 결과에 따른 조치명령

교재 1권 PP.36-37

(1) 명령권자
소방관서장(소방**청**장 · 소방**본**부장 · 소방**서**장)

> 공하성 기억법 청본서안

(2) 명령사항
① **개수**명령
   재축명령 ×
② **이전**명령
③ **제거**명령
④ **사용**의 **금지** 또는 제한명령, 사용폐쇄
⑤ **공사**의 **정지** 또는 중지명령

7 화재예방강화지구의 지정

교재 1권 P.38

(1) 지정권자 : 시 · 도지사

(2) 지정지역
① **시장**지역
② **공장 · 창고** 등이 밀집한 지역
③ **목조건물**이 밀집한 지역
④ **노후 · 불량건축물**이 **밀집**한 지역
⑤ **위험물**의 **저장** 및 **처리시설**이 **밀집**한 지역
⑥ **석유화학제품**을 **생산**하는 공장이 있는 지역
⑦ **소방시설 · 소방용수시설** 또는 **소방출동로**가 **없**
   는 지역
⑧ 물류시설의 개발 및 운영에 관한 법률에 따른 물
   류단지
⑨ 산업입지 및 개발에 관한 법률에 따른 **산업단지**

⑩ **소방청장, 소방본부장** 또는 **소방서장**이 화재
예방강화지구로 지정할 필요가 있다고 인정하는
지역

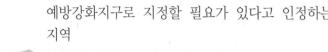

비교 화재로 오인할 만한 불을 피우거나 **연막소독시 신고지역**

교재 1권 P.25

(1) **시장**지역
(2) **공장**·창고 밀집지역
(3) **목조건물** 밀집지역
(4) **위험물**의 **저장** 및 **처리시설 밀집**지역
(5) **석유화학제품**을 생산하는 공장지역
(6) **시**·**도**의 **조례**로 정하는 지역 또는 장소

공하성 기억법 시공 목위석시연

* 20만원 이하 과태료
화재로 오인할만한 불을 피
우거나 연막소독 미신고

8 화재예방조치 등   교재 1권 P.38

(1) **모닥불, 흡연** 등 화기의 취급 행위의 금지 또는 제한

(2) **풍등** 등 소형열기구 날리기 행위의 금지 또는 제한

(3) **용접**·**용단** 등 불꽃을 발생시키는 행위의 금지 또는
제한

(4) **대통령령**으로 정하는 화재발생위험이 있는 행위의
금지 또는 제한

(5) 목재, 플라스틱 능 가연성이 큰 물건의 제거, 이격,
적재 금지 등

(6) 소방차량의 통행이나 소화활동에 지장을 줄 수 있는
물건의 이동

＊ 관계인의 업무
교재 1권 P.41
① 피난시설·방화구획 및 방화시설의 유지·관리
② 소방시설, 그 밖의 소방 관련시설의 관리
③ **화기취급**의 감독
④ 소방안전관리에 필요한 업무
⑤ 화재발생시 초기대응

9 관계인 및 소방안전관리자의 업무 교재 1권 P.41

특정소방대상물(관계인)	소방안전관리대상물 (소방안전관리자)
① 피난시설·방화구획 및 방화시설의 유지·관리 ② 소방시설, 그 밖의 소방 관련시설의 관리 ③ **화기취급**의 감독 ④ 소방안전관리에 필요한 업무 ⑤ 화재발생시 초기대응	① 피난시설·방화구획 및 방화시설의 유지·관리 ② 소방시설, 그 밖의 소방 관련시설의 관리 ③ **화기취급**의 감독 ④ 소방안전관리에 필요한 업무 ⑤ **소방계획서**의 작성 및 시행(대통령령으로 정하는 사항 포함) ⑥ **자위소방대** 및 **초기대응체계**의 구성·운영·교육 ⑦ 소방훈련 및 교육 ⑧ 소방안전관리에 관한 업무 수행에 관한 기록·유지 ⑨ 화재발생시 초기대응

＊ 30일 이내
교재 1권 P.39, P.104
① 소방안전관리자의 **선임·재선임**
② 위험물안전관리자의 선임·재선임

10 소방안전관리자의 선임신고 교재 1권 PP.39-40

선 임	선임신고	신고대상
30일 이내	**14일** 이내	**소방본부장** 또는 **소방서장**

중요 소방안전관리자의 선임연기 신청자 교재 1권 P.40

2, 3급 소방안전관리대상물의 관계인

11 소방안전관리 업무의 대행 교재 1권 PP.41-42

대통령령으로 정하는 소방안전관리대상물의 **관계인**은 관리업자로 하여금 소방안전관리 업무 중 **대통령령**으로 정하는 업무를 대행하게 할 수 있으며, 이 경우 선임된 소방안전관리자는 관리업자의 대행업무 수행을 감독하고 대행업무 외의 소방안전관리업무는 직접 수행하여야 한다.

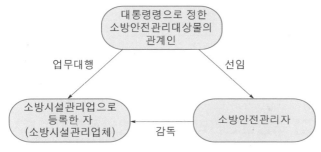

‖ 소방안전관리 업무대행 순서 ‖

‖ 대통령령으로 정하는 소방안전관리 업무대행 ‖

대통령령으로 정하는 소방안전관리대상물	대통령령으로 정하는 업무
① **11층** 이상 1급 소방안전관리대상물(단, 연면적 15000㎡ 이상 및 아파트 제외) ② **2급·3급** 소방안전관리대상물	① **피난시설, 방화구획** 및 **방화시설**의 관리 ② 소방시설이나 그 밖의 소방관련시설의 관리

12 관리의 권원이 분리된 특정소방대상물

교재 1권 PP.42-43

(1) 복합건축물(지하층을 제외한 **11층** 이상 또는 연면적 **30000㎡** 이상)

Key Point

＊ 소방안전관리 업무대행
교재 1권 P.41
‘소방시설관리업체’가 한다.

19

(2) 지하가(지하의 인공구조물 안에 설치된 상점 및 사무
지하구 ✕
실, 그 밖에 이와 비슷한 시설이 연속하여 지하도에
접하여 설치된 것과 그 지하도를 합한 것)

(3) **도매시장, 소매시장** 및 **전통시장**

13 소방안전관리자의 강습 〔교재 1권 P.46〕

구 분	설 명
실시기관	한국소방안전원
교육공고	20일 전

✱ 20일 〔교재 1권 P.46〕
소방안전관리자의 **강**습실
시 공고일

공하성 기억법
강2(강의)

14 소방안전관리자 및 소방안전관리보조자의
실무교육 〔교재 1권 PP.46-47〕

(1) 실시기관 : **한국소방안전원**
(2) 실무교육주기 : **선임**된 **날**(다음 날)부터 **6개월** 이내,
합격연월일부터 ✕
그 이후 **2년**마다 **1회**
(3) 소방안전관리자가 실무교육을 받지 아니한 때 : 1년
이하의 기간을 정하여 자격정지
(4) 실무교육을 수료한 자 : **교육수료사항**을 **기재**하고
직인을 날인하여 교부
(5) 강습·실무교육을 받은 후 **1년 이내**에 선임된 경우
강습교육을 수료하거나 실무교육을 이수한 날에 실무
교육을 이수한 것으로 본다.

• **'선임된 날부터'**라는 말은 **'선임한 다음 날부터'**를 의미한다.

Key Point

 비교

실무교육

소방안전 관련업무 경력보조자	소방안전관리자 및 소방안전관리보조자
선임된 날로부터 **3개월** 이내, 그 이후 **2년**마다 최초 실무교육을 받은 날을 기준일로 하여 매 2년이 되는 해의 기준일과 같은 날 전까지 **1회** 실무교육을 받아야 한다.	선임된 날로부터 **6개월** 이내, 그 이후 **2년**마다 최초 실무교육을 받은 날을 기준일로 하여 매 **2년**이 되는 해의 기준일과 같은 날 전까지 **1회** 실무교육을 받아야 한다.

03 벌 칙

1 5년 이하의 징역 또는 5000만원 이하의 벌금 교재 1권 P.32

(1) 위력을 사용하여 출동한 소방대의 화재진압·인명구조 또는 구급활동을 **방해**하는 행위

(2) 소방대가 화재진압·인명구조 또는 구급활동을 위하여 현장에 출동하거나 현장에 출입하는 것을 고의로 **방해**하는 행위

(3) 출동한 소방대원에게 폭행 또는 협박을 행사하여 화재진압·인명구조 또는 구급활동을 **방해**하는 행위

(4) 출동한 소방대의 소방장비를 파손하거나 그 효용을 해하여 화재진압·인명구조 또는 구급활동을 **방해**하는 행위

(5) 소방자동차의 **출동**을 **방해**한 사람

* 5년 이하의 징역 또는 5000만원 이하의 벌금
출동한 소방대를 방해하는 행위

(6) 사람을 **구출**하는 일 또는 불을 끄거나 불이 번지지 아니하도록 하는 일을 **방해**한 사람

(7) 정당한 사유 없이 소방용수시설 또는 비상소화장치를 사용하거나 소방용수시설 또는 비상소화장치의 효용을 해하거나 그 정당한 사용을 **방해**한 사람

공하성 **기억법** 5방5000

(8) 소방시설에 폐쇄·차단 등의 행위를 한 자 교재 1권 P.69

비교 **가중처벌 규정**

사람 상해	사 망
7년 이하의 징역 또는 **7천만원** 이하의 벌금	**10년** 이하의 징역 또는 **1억원** 이하의 벌금

＊ 3년 이하의 징역 또는 3000만원 이하의 벌금
교재 1권 P.29
화재가 발생하거나 불이 번질 우려가 있는 소방대상물의 강제처분을 방해한 자

2 3년 이하의 징역 또는 3000만원 이하의 벌금

(1) 소방대상물 또는 토지이 강제처분 방해 교재 1권 P.29

(2) **화재안전조사** 결과에 따른 **조치명령**을 정당한 사유 없이 위반한 자 교재 1권 P.50

(3) **화재예방안전진단** 결과에 따른 보수·보강 등의 **조치명령**을 정당한 사유 없이 위반한 자 교재 1권 P.50

(4) 소방시설이 **화재안전기준**에 따라 설치·관리되고 있지 아니할 때 관계인에게 필요한 조치명령을 정당한 사유 없이 위반한 자 교재 1권 P.69

(5) **피난시설**, **방화구획** 및 **방화시설**의 유지·관리를 위하여 필요한 조치명령을 정당한 사유 없이 위반한 자 교재 1권 P.69

(6) 소방시설 **자체점검** 결과에 따른 이행계획을 완료하지 않아 필요한 조치의 이행 명령을 하였으나, 명령을 정당한 사유 없이 위반한 자 교재 1권 P.69

3 1년 이하의 징역 또는 1000만원 이하의 벌금 교재 1권 P.51, P.69

(1) **소방안전관리자** 자격증을 다른 사람에게 **빌려주거나** 빌리거나 이를 알선한 자 교재 1권 P.51

(2) **화재예방안전진단**을 받지 아니한 자 교재 1권 P.51

(3) 소방시설의 **자체점검** 미실시자 교재 1권 P.69

4 300만원 이하의 벌금 교재 1권 P.51, P.69

(1) **화재안전조사**를 정당한 사유 없이 **거부 · 방해 · 기피**한 자 교재 1권 P.51

(2) **화재예방조치 조치명령**을 정당한 사유 없이 따르지 아니하거나 방해한 자 교재 1권 P.51

(3) **소방안전관리자, 총괄소방안전관리자, 소방안전관리보조자**를 **선임**하지 아니한 자 교재 1권 P.51

(4) **소방시설 · 피난시설 · 방화시설** 및 **방화구획** 등이 법령에 위반된 것을 발견하였음에도 필요한 조치를 할 것을 요구하지 아니한 소방안전관리자 교재 1권 P.51

(5) **소방안전관리자**에게 **불이익**한 처우를 한 관계인 교재 1권 P.51

(6) 자체점검결과 중대위반사항이 발견된 경우 필요한 조치를 하지 않은 관계인 또는 관계인에게 중대위반사항을 알리지 아니한 관리업자 등 교재 1권 P.69

* 100만원 이하의 벌금

교재 1권 P.32

피난명령을 위반한 사람

5 100만원 이하의 벌금 　교재 1권 P.32

(1) 정당한 사유 없이 소방대가 현장에 도착할 때까지 사람을 **구**출하는 조치 또는 불을 끄거나 불이 번지지 않도록 하는 조치를 하지 아니한 소방대상물 관계인

(2) **피**난명령을 위반한 사람

(3) 정당한 사유 없이 **물**의 사용이나 **수도**의 **개폐장치**의 사용 또는 **조**작을 하지 못하게 하거나 방해한 자

(4) 정당한 사유 없이 **소방대**의 **생활안전활동**을 방해한 자

(5) 긴급조치를 정당한 사유 없이 방해한 자

공하성 기억법 　구피조1

6 500만원 이하의 과태료 　교재 1권 P.25

화재 또는 **구조·구급**이 필요한 상황을 **거짓**으로 알린 사람

7 300만원 이하의 과태료 　교재 1권 PP.51-52, P.70

(1) 화재의 **예방조치**를 위반하여 화기취급 등을 한 자 　교재 1권 P.51

(2) 특정소방대상물 소방안전관리를 위반하여 **소방안전관리자**를 **겸한 자** 　교재 1권 P.51

(3) **소방안전관리업무**를 하지 **아니한** 특정소방대상물의 **관계인** 또는 소방안전관리대상물의 **소방안전관리자** 　교재 1권 P.52

(4) **건설현장** 소방안전관리대상물의 **소방안전관리자**의 업무를 하지 아니한 소방안전관리자 　교재 1권 P.51

건설현장 소방안전관리자 업무태만

1차 위반	2차 위반	3차 위반 이상
100만원 과태료	200만원 과태료	300만원 과태료

(5) **피난유도 안내정보**를 제공하지 아니한 자 교재 1권 P.52

(6) **소방훈련** 및 **교육**을 하지 아니한 자 교재 1권 P.52

(7) **화재예방안전진단** 결과를 제출하지 아니한 경우
교재 1권 P.52

＊ 화재예방안전진단 결과
  미제출 교재 1권 P.52
300만원 이하 과태료

 화재예방안전진단 지연제출

1개월 미만	1~3개월 미만	3개월 이상 또는 미제출
100만원 과태료	200만원 과태료	300만원 과태료

(8) **소방시설**을 **화재안전기준**에 따라 설치·관리하지 아니한 자 교재 1권 P.70

(9) 공사현장에 **임시소방시설**을 설치·관리하지 아니한 자 교재 1권 P.70

(10) **피난시설**, **방화구획** 또는 **방화시설**을 **폐쇄·훼손·변경** 등의 행위를 한 자 교재 1권 P.70

 피난시설·방화시설 폐쇄·변경

1차 위반	2차 위반	3차 위반 이상
100만원 과태료	200만원 과태료	300만원 과태료

(11) **관계인**에게 **점검결과**를 제출하지 아니한 관리업자 등
교재 1권 P.70

(12) 점검결과를 보고하지 아니하거나 거짓으로 보고한 관계인 교재 1권 P.70

∗ 3차 이상 위반
① 피난시설·방화시설 폐쇄 변경
② 점검기록표 미기록

 점검결과 지연보고기간

10일 미만	10일~1개월 미만	1개월 이상 또는 미보고	점검결과 축소·삭제 등 거짓보고
50만원 과태료	100만원 과태료	200만원 과태료	300만원 과태료

(13) **자체점검 이행계획**을 **기간 내**에 **완료**하지 아니한 자 또는 이행계획 완료 결과를 보고하지 아니하거나 거짓으로 보고한 자 교재 1권 P.70

 자체점검 이행계획 지연보고기간

10일 미만	10일~1개월 미만	1개월 이상 또는 미보고	이행완료 결과 거짓보고
50만원 과태료	100만원 과태료	200만원 과태료	300만원 과태료

(14) **점검기록표**를 **기록**하지 아니하거나 특정소방대상물의 출입자가 쉽게 볼 수 있는 장소에 게시하지 아니한 관계인 교재 1권 P.70

 점검기록표 미기록

1차 위반	2차 위반	3차 이상 위반
100만원 과태료	200만원 과태료	300만원 과태료

8 200만원 이하의 과태료　교재 1권 P.27, P.52

(1) **소방활동구역**을 출입한 사람　교재 1권 P.27

(2) 소방자동차의 출동에 **지장**을 준 자

비교

5년 이하의 징역 또는 5000만원 이하의 벌금 교재1권 P.27	200만원 이하의 과태료
소방자동차의 **출동**을 **방해**한 사람	소방자동차의 **출동**에 **지장**을 준 자

(3) 기간 내에 **소방안전관리자 선임신고**를 하지 아니한 자 또는 소방안전관리자의 성명 등을 게시하지 아니한 자　교재 1권 P.52

(4) 기간 내에 **건설현장 소방안전관리자 선임신고**를 하지 아니한 자　교재 1권 P.52

비교

건설현장 소방안전관리자 선임신고 지연기간		
1개월 미만	1~3개월 미만	3개월 이상 또는 미제출
50만원 과태료	100만원 과태료	200만원 과태료

(5) 기간 내에 소방훈련 및 교육 결과를 제출하지 아니한 자　교재 1권 P.52

9 100만원 이하의 과태료　교재 1권 P.52

실무교육을 받지 아니한 **소방안전관리자** 및 **소방안전관리보조자**　교재 1권 P.52

＊ 20만원 이하의 과태료
① 화재오인 미신고
② 연막소독 미신고

10 20만원 이하의 과태료 〔교재 1권 | P.25〕

　아래의 지역 또는 장소에서 **화재**로 **오인**할 만한 우려가 있는 불을 피우거나 **연막소독**을 실시하고자 하는 자가 신고를 하지 아니하여 **소방자동차**를 **출동**하게 한 자

(1) 시장지역

(2) **공장 · 창고**가 밀집한 지역

(3) **목조건물**이 밀집한 지역

(4) 위험물의 저장 및 처리시설이 밀집한 지역

(5) 석유화학제품을 **생산**하는 공정이 있는 지역

(6) 그 밖에 **시 · 도**의 조례로 정하는 지역 또는 장소

제 3 장 소방시설 설치 및 관리에 관한 법률

Key Point

01 소방시설 설치 및 관리에 관한 법률의 목적

교재 1권 P.53

(1) 소방시설 등의 설치·관리와 소방용품 성능관리에 필요한 사항을 규정함으로써 국민의 생명·신체 및 **재산보호**
(2) **공공**의 **안전**과 **복리증진** 이바지

중요 용어 교재 1권 P.53

용 어	정 의
소방시설	**소화설비·경보설비·피난구조설비·소화용수설비**·그 밖에 **소화활동설비**로서 **대통령령**으로 정하는 것
특정소방대상물	① 건축물 등의 규모·용도 및 수용인원 등을 고려하여 소방시설을 설치하여야 하는 소방대상물로서 **대통령령**으로 정하는 것 ② 다수인이 출입 또는 근무하는 장소 중 소방시설을 설치하여야 하는 장소

02 용어의 정의

1 무창층 교재 1권 PP.53-54

지상층 중 나음에 해낭하는 개수부면적의 합계가 그 층의 바닥면적의 $\frac{1}{30}$ 이하가 되는 층

* 무창층 교재 1권 PP.53-54
$\frac{1}{30}$ 이이

개구부 : '창문'을 말해요.

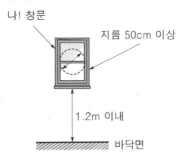

3개 창문의 합이 1m² 이하

바닥면적 30m²

┃ 무창층 ┃

(1) 크기는 지름 **50cm 이상**의 원이 통과할 수 있을 것
    이하 ×

(2) 해당층의 바닥면으로부터 개구부 밑부분까지의 높이
    가 **1.2m** 이내일 것
    1.5m ×

화재발생시 사람이 통과할 수 있는 어깨
너비, 키 등의 최소기준을 생각해 봐요.

나! 창문

지름 50cm 이상

1.2m 이내

바닥면

(3) **도로** 또는 **차량**이 진입할 수 있는 **빈터**를 향할 것

(4) 화재시 건축물로부터 쉽게 **피난**할 수 있도록 개구부에
    창살이나 그 밖의 장애물이 설치되지 않을 것

(5) 내부 또는 외부에서 **쉽게 부수거나 열** 수 있을 것

* 개구부 vs 흡수관 투입구

개구부 크기	흡수관 투입구
지름 50cm 이상	지름 60m 이상

2 피난층 『교재 1권』 P.55

곧바로 지상으로 갈 수 있는 출입구가 있는 층

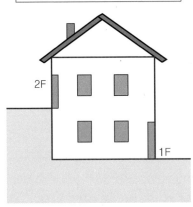

이 집은 1층, 2층이 피난층이예요.

2F

1F

┃ 피난층 ┃

공하성 **기억법** 피곧(피곤)

---

03 ▶ 건축허가 등의 동의

1 건축허가 등의 동의권자 『교재 1권』 P.55

소방본부장·소방서장

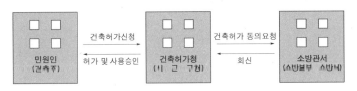

민원인
(건축주)

건축허가신청 →
← 허가 및 사용승인

건축허가청
(시 군 구청)

건축허가 동의요청 →
← 회신

소방관서
(소방본부 소방서)

* 건축허가 등의 동의
『교재 1권』 P.55
건축허가청에서 건축허가를 하기 전에 소방시설 설치, 화재예방 관련사항을 사전에 조사하여 적법 여부를 확인하는 절차

② 건축허가 등의 동의기간 등 [교재 1권 | P.55]

내 용	날 짜
동의요구 서류보완	**4일** 이내 7일 이내 ×
건축허가 등의 취소통보	**7일** 이내
건축허가 및 사용승인 동의회신 통보	**5일**(특급 소방안전관리대상물 은 **10일**) 이내
동의시기	건축허가 등을 **하기 전**
동의요구자	건축허가 등의 권한이 있는 행 정기관

* **건축허가 등의 취소통보**
[교재 1권 | P.55]
7일 이내

* **건축허가 등의 동의절차**
[교재 1권 | P.55]
동의회신 후 건축허가 등의
동의대장에 기재 후 관리

③ 건축허가 등의 동의대상물 [교재 1권 | PP.55-56]

연면적 400m² 이상		차고 · 주차장
학교	100m²	① 바닥면적 200m² 이상
노유자시설, 수련시설	200m²	② **자**동차 **2**0대 이상
정신의료기관, 장애인 재활시설(입원실 없는 정신건강의학과 제외)	300m²	

공하성 기억법 2자(이자)

(1) **6층** 이상인 건축물
(2) **항공기격납고, 관망탑, 항공관제탑, 방송용 송수
신탑**
(3) 지하층 또는 무창층의 바닥면적 **150m²** 이상(공연장
은 **100m²** 이상)
(4) **위험물저장 및 처리시설**
(5) 전기저장시설, 풍력발전소

(6) 조산원, 산후조리원, 의원(입원실 있는 것)

(7) 결핵환자나 한센인이 24시간 생활하는 노유자시설

(8) **지하구**

지하가 ×

(9) 요양병원(의료재활시설 제외)

(10) 노인주거복지시설·노인의료복지시설 및 재가노인복지시설, 학대피해노인 전용쉼터, 아동복지시설, 장애인거주시설

(11) 정신질환자 관련시설(종합시설 중 24시간 주거를 제공하지 아니하는 시설 제외)

(12) 노숙인자활시설, 노숙인재활시설 및 노숙인요양시설

(13) 공장 또는 창고시설로서 지정수량의 **750배 이상**의 특수가연물을 저장·취급하는 것

(14) 가스시설로서 지상에 노출된 수조의 저장용량의 합계가 **100톤** 이상인 것

* 지하구 vs 지하가

지하구	지하가
지하의 전기통신 등의 케이블통로	① 지하상가 ② 터널

4 단독주택 및 공동주택(아파트 및 기숙사 제외)에 설치하는 소방시설 [교재 1권 P.56]

(1) 소화기

(2) 단독경보형 감지기

5 피난시설, 방화구획 및 방화시설의 범위
[교재 1권 PP.150-151]

(1) 피난시설에는 **복도**, **출입구**(비상구), **계단**(직통계단, 피난계단 등), **피난용 승강기**, **옥상광장**, **피난안전구역** 등이 있다.

(2) 피난계단의 종류에는 **내화구조**의 **벽·바닥**, **60분＋ 또는 60분 방화문**, **자동방화셔터** 등이 있다.

| 피난계단 |

중요 피난계단의 종류 및 피난시 이동경로 [교재 1권 P.152]	
피난계단의 종류	피난시 이동경로
피난계단	옥내 → 계단실 → 피난층
특별피난계단	옥내 → 노대 또는 부속실 → 계단실 → 피난층

* **특별피난계단**
[교재 1권 PP.154~155]
반드시 부속실이 있음

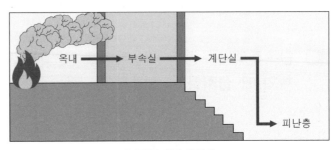

| 특별피난계단 |

(3) 방화시설에는 **내화구조**, **방화구조**, **방화벽**, **마감 재료**(불연재료, 준불연재료, 난연재료), **배연설비**, **소방관진입창** 등이 있다.

34

6 피난시설, 방화구획 및 방화시설의 훼손 행위 교재 1권 P.167

(1) 피난시설, 방화구획 및 방화시설을 **폐쇄**하거나 **훼손** 하는 등의 행위

(2) 피난시설, 방화구획 및 방화시설의 주위에 **물건**을 **쌓 아두거나 장애물**을 설치하는 행위

(3) 피난시설, 방화구획 및 방화시설의 용도에 장애를 주 거나 「소방기본법」에 따른 **소방활동**에 **지장**을 주는 행위

(4) 그 밖에 **피난시설, 방화구획** 및 **방화시설**을 **변경** 하는 행위

* 배연설비 교재 1권 P.164
실내의 연기를 외부로 배출
시켜 주는 설비

7 피난시설, 방화구획 및 방화시설의 변경 행위 교재 1권 P.167

(1) 임의 구획으로 **무창층**을 발생하게 하는 행위

(2) 방화구획에 **개구부**를 **설치**하여 그 기능에 지장을 주는 행위

(3) **방화문**을 **철거**하고 목재, 유리문 등으로 변경하는
목재 · 유리문 등은 철거 ×
행위

(4) **객관적 판단**하에 누구라도 피난 · 방화시설을 변경 하여 건축법령에 위반하였다고 볼 수 있는 행위

8 옥상광장 등의 설치 교재 1권 PP.155-156

(1) 옥상광장 또는 **2층** 이상의 층에 노대 등의 주위에는
3층 이상 ×
높이 **1.2m** 이상의 난간 설치

* 노대 교재 1권 P.155
'베란다' 또는 '발코니'를 말
한다.

(2) **5층 이상**의 층으로 옥상광장 설치대상
　① 제2종 근린생활시설 중 **공연장·종교집회장·인터넷컴퓨터게임 시설제공업소(바닥면적 합계가 각각 300m² 이상)**
　② 문화 및 집회시설(전시장 및 동식물원 **제외**)
　③ 종교시설, 판매시설, 주점영업, 장례시설

04 방 염

1 방염성능기준 이상의 실내장식물 등을 설치하여야 할 장소 　교재 1권　P.59

(1) 조산원, 산후조리원, 공연장, 종교집회장
(2) **11층** 이상의 층(**아파트** 제외)
　　　　　　아파트 포함 ×
(3) **체**력단련장
(4) 문화 및 집회시설(옥내에 있는 시설)
(5) 운동시설(**수영장** 제외)
　　　　　수영장 포함 ×
(6) **숙**박시설 · **노**유자시설
(7) 의료시설(요양병원 등), 의원
(8) 수련시설(**숙**박시설이 있는 것)
(9) **방**송국 · 촬영소
　　　전화통신용 시설 ×
(10) 종교시설
(11) 합숙소

＊ 방염성능기준 이상 특정
소방대상물　교재 1권　P.59
운동시설(수영장 제외)

(12) 다중이용업소(단란주점영업, 유흥주점영업, 노래연습
장의 영업장 등)

기억법 방숙체노

2 방염대상물품 교재 1권 PP.59-60

제조 또는 가공공정에서 방염처리를 한 물품	건축물 내부의 천장이나 벽에 설치하는 물품
① 창문에 설치하는 **커튼류** (블라인드 포함)	① 종이류(두께 **2mm 이상**), **합성수지류** 또는 **섬유류**를 주원료로 한 물품
② 카펫	② **합판이나 목재**
③ **벽지류**(두께 **2mm 미만**인 **종이벽지 제외**)	③ 공간을 구획하기 위하여 설치하는 **간이칸막이**
④ **전시용 합판·목재·섬유판**	④ 흡읍·방음을 위하여 설치하는 **흡음재**(흡음용 커튼 포함) 또는 **방음재**(방음용 커튼 포함)
⑤ **무대용 합판·목재·섬유판**	
⑥ **암막·무대막**(영화상영관·가상체험 체육시설업의 **스크린** 포함)	※ **가구류**(옷장, 찬장, 식탁, 식탁용 의자, 사무용 책상, 사무용 의자 및 계산대)와 너비 **10cm 이하**인 **반자돌림대, 내부마감재료** 제외
⑦ 섬유류 또는 합성수지류로 제작된 **소파·의자**(단란주점·유흥주점·노래연습장에 한함)	

Key Point

＊ 방염대상물품
교재 1권 PP.59-60

제조 또는 가공공정에서 방염처리를 한 물품	건축물 내부의 천장이나 벽에 설치하는 물품
벽지류(두께 2mm 미만인 종이벽지 제외)	두께 2mm 이상의 종이류

＊ 가상체험 체육시설업
실내에 1개 이상의 별도의 구획된 실을 만들어 골프종목의 운동이 가능한 시설을 경영하는 영업(**스크린 골프 연습장**)

Key Point

* 방염처리된 제품의 사용
  을 권장할 수 있는 경우
  교재 1권 P.60

① 다중이용업소 ┐
② 의료시설   │ **침**구류
③ 노유자시설   ├ **소파**,
④ 숙박시설   │ **의**자
⑤ 장례시설   ┘

 **기억법**

침소의

* 방염 현장처리물품의
  성능검사 실시기관
  교재 1권 PP.60-61

시 · 도지사(관할소방서장)

방염
(세탁불가)

| 방염커튼 |

3 방염처리된 제품의 사용을 권장할 수 있는 경우 교재 1권 P.60

(1) **다**중이용업소 · **의**료시설 · **노**유자시설 · **숙**박시설 · **장**례시설에 사용하는 **침**구류, **소파**, **의**자

> 공하성 기억법 다의 노숙장 침소의

(2) 건축물 **내부**의 **천장** 또는 **벽**에 부착하거나 설치하는 **가구류**

4 현장처리물품 교재 1권 PP.60-61

방염 현장처리물품의 실시기관	방염 선처리물품의 성능검사 실시기관
시 · 도지사(관할소방서장)	한국소방산업기술원

38

 05 소방시설의 자체점검제도

1 작동점검과 종합점검 교재 1권 PP.62-63

▌소방시설 등 자체점검의 점검대상, 점검자의 자격, 점검횟수 및 시기 ▌

점검 구분	정 의	점검대상	점검자의 자격 (주된 인력)	점검횟수 및 점검시기
작동 점검	소방시설 등을 인위적으로 조작하여 정상적으로 작동하는지를 점검하는 것	① 간이스프링클러설비·자동화재탐지설비가 설치된 특정소방대상물	• 관계인 • 소방안전관리자로 선임된 소방시설관리사 또는 소방기술사 • 소방시설관리업에 등록된 기술인력 중 소방시설관리사 또는 「소방시설공사업법 시행규칙」에 따른 특급 점검자	• 작동점검은 **연 1회** 이상 실시하며, 종합점검 대상은 종합점검을 받은 달부터 **6개월**이 되는 달에 실시 • 종합점검대상 외의 특정소방대상물은 사용승인일이 속하는 달의 말일까지 실시
		② ①에 해당하지 아니하는 특정소방대상물	• 소방시설관리업에 등록된 기술인력 중 소방시설관리사 • 소방안전관리자로 선임된 소방시설관리사 또는 소방기술사	
		③ 작동점검 제외대상 • 소방안전관리자를 선임하지 않는 대상 • 위험물제조소 등 • 특급 소방안전관리대상물		

✳ 점검시기 교재 1권 P.63
① 종합점검 : 건축물 사용 승인일이 속하는 달
② 작동점검 : 종합점검을 받은 달부터 6월이 되는 달

✳ 작동점검 제외대상
교재 1권 P.62
① 위험물제조소 등
② 소방안전관리자를 선임하지 않는 대상
③ 특급 소방안전관리대상물

점검구분	정 의	점검대상	점검자의 자격 (주된 인력)	점검횟수 및 점검시기
종합점검	소방시설 등의 작동점검을 포함하여 소방시설 등의 설비별 주요 구성 부품의 구조기준이 화재안전기준과 「건축법」 등 관련 법령에서 정하는 기준에 적합한지 여부를 점검하는 것 (1) 최초점검 : 특정소방대상물의 소방시설 등이 새로 설치되는 경우 건축물을 사용할 수 있게 된 날부터 60일 이내에 점검하는 것	④ 소방시설 등이 신설된 경우에 해당하는 특정소방대상물 ⑤ **스프링클러설비**가 설치된 특정소방대상물 ⑥ **물분무등 소화설비**(호스릴 방식의 물분무등소화설비만을 설치한 경우는 제외)가 설치된 연면적 **5000m²** 이상인 특정소방대상물(위험물제조소등 제외) ⑦ 다중이용업의 영업장이 설치된 특정소방대상물로서 연면적이 **2000m²** 이상인 것	● 소방시설관리업에 등록된 기술인력 중 **소방시설관리사** ● 소방안전관리자로 선임된 **소방시설관리사** 또는 **소방기술사**	〈점검횟수〉 ㉠ 연 1회 이상(특급 소방안전관리대상물은 반기에 1회 이상) 실시 ㉡ ㉠에도 불구하고 소방본부장 또는 소방서장은 소방청장이 소방안전관리가 우수하다고 인정한 특정소방대상물에 대해서는 3년의 범위에서 소방청장이 고시하거나 정한 기간 동안 종합점검을 면제할 수 있다(단, 면제기간 중 화재가 발생한 경우는 제외). ㉢ 건축물 사용승인일 이후 ㉠에 따라 종합점검대상에 해당하게 된 경우에는 그 다음 해부터 실시

＊ 종합점검 점검자격
교재 1권 P.63
① 소방안전관리자
  ㉠ 소방시설관리사
  ㉡ 소방기술사
② 소방시설관리업자 : 소방시설관리사 참여

점검구분	정 의	점검대상	점검자의 자격 (주된 인력)	점검횟수 및 점검시기
종합점검	⑵ 그 밖의 종합점검 : 최초점검을 제외한 종합점검	⑧ **제연설비**가 설치된 터널 ⑨ **공공기관** 중 연면적(터널·지하구의 경우 그 길이와 평균폭을 곱하여 계산된 값)이 **1000m²** 이상인 것으로서 옥내소화전설비 또는 자동화재탐지설비가 설치된 것(단, 소방대가 근무하는 공공기관 제외)	• 소방시설관리업에 등록된 기술인력 중 **소방시설관리사** • **소방안전관리자**로 선임된 **소방시설관리사** 또는 **소방기술사**	㉣ 하나의 대지경계선 안에 2개 이상의 자체점검대상 건축물 등이 있는 경우 그 건축물 중 사용승인일이 가장 빠른 연도의 건축물의 사용승인일을 기준으로 점검할 수 있다.

＊ 종합점검 점검대상
① 스프링클러설비
② 제연설비(터널)
③ 공공기관 1000m² 이상
④ 다중이용업 2000m² 이상
⑤ 물분무등소화설비(호스릴 제외) 5000m² 이상

용어 자체점검

소방대상물의 **규모·용도** 및 설치된 **소방시설**의 **종류**에 의하여 자체점검자의 **자격·절차** 및 **방법** 등을 달리한다.

Key Point

2 자체점검 후 결과조치 교재 1권 P.67

작동점검 · 종합점검 결과 **보**관 : **2**년

공하성 기억법   보2(보이차)

3 소방시설 등의 자체점검 실시결과 보고서

교재 1권 PP.66~67

구 분	제출기간	제출처
관리업자 또는 소방안전관리자로 선임된 소방시설관리사 · 소방기술사	**10일** 이내	관계인
관계인	**15일** 이내	소방본부장 · 소방서장

제4장 다중이용업소의 안전관리에 관한 특별법

01 다중이용업 교재 1권 PP.72-74

＊ 다중이용법
불특정 다수인이 이용하는
영업 중 화재 등 재난발생
시 생명·신체·재산상의
피해가 발생할 우려가 높은
것으로서 대통령령으로 정
하는 영업

(1) 휴게음식점영업·일반음식점영업·제과점영업 : **100m²**
   이상(지하층은 **66m²** 이상) (단, 주출입구가 1층 또는
   지상과 직접 접하는 층에 설치되고 영업점의 주된 출
   입구가 건축물 외부의 지면과 직접 연결된 경우 제외)
(2) 단란주점영업·유흥주점영업
(3) 영화상영관·비디오물감상실업·비디오물소극장업 및
   복합영상물제공업
(4) 학원 수용인원 **300명** 이상
(5) 학원 수용인원 **100~300명** 미만
   ① **기숙사**가 있는 학원
   ② **2 이상** 학원 수용인원 **300명** 이상
   ③ **다중이용업**과 **학원**이 함께 있는 것
(6) **목욕장업**
(7) 게임제공업, 인터넷 컴퓨터게임시설제공업·복합유통
   게임제공업
(8) 노래연습장업
(9) 산후조리업
(10) **고시원업**
(11) 전화방업
(12) 화상대화방업
(13) 수면방업
(14) 콜라텍업
(15) 방탈출카페업
(16) 키즈카페업

(17) 만화카페업

(18) 권총사격장(실내사격장에 한함)

(19) 가상체험 체육시설업(실내에 **1개** 이상의 별도의 구획된 실을 만들어 골프종목의 운동이 가능한 시설을 경영하는 영업으로 한정)

(20) 안마시술소

＊ 다중이용업소 소화설비

교재 1권 P.74

① 소화기
② 자동확산소화기
③ 간이스프링클러설비(캐비닛형, 간이스프링클러설비 포함)

02 다중이용업소의 안전시설 등

교재 1권 P.74

시 설		종 류
소방시설	소화설비	• 소화기 • 자동확산소화기 • 간이스프링클러설비(캐비닛형 간이스프링클러설비 포함)
	피난구조설비	• 유도등 • 유도표지 • 비상조명등 • 휴대용 비상조명등 • 피난기구(미끄럼대·피난사다리·구조대·완강기·다수인 피난장비·승강식 피난기) • 피난유도선
	경보설비	• 비상벨설비 또는 자동화재탐지설비 • 가스누설경보기
그 밖의 안전시설		• **창문**(단, 고시원업의 영업장에만 설치) • **영상음향차단장치**(단, 노래반주기 등 영상음향장치를 사용하는 영업장에만 설치) • **누전차단기**

03 다중이용업소의 소방안전교육

교재 1권 P.75

(1) 실시권한

소방청장·소방본부장·소방서장

(2) 교육대상자

① 다중이용업주

② 종업원 : 종업원 1명 이상 또는 국민연금가입 의무 대상자 1명 이상

③ 다중이용업을 하려는 자

04 300만원 이하의 과태료

교재 1권 P.79

(1) 소방안전교육을 받지 않거나 종업원이 소방안전교육을 받도록 하지 않은 경우

(2) 안전시설 미설치자

(3) 설치신고 미실시자

(4) 피난시설·방화구획·방화시설의 폐쇄·훼손·변경

(5) 피난안내도 미비치

(6) 피난안내영상물 미상영

(7) 다중이용업주의 안전시설 등에 대한 정기점검 등을 위반하여 다음의 어느 하나에 해당하는 자

① 안전시설 등을 점검(위탁하여 실시하는 경우 포함)하지 아니한 자

② 정기점검결과서를 작성하지 아니하거나 거짓으로 작성한 자

③ 정기점검결과를 보관하지 아니한 자

(8) 소방안전관리업무 태만

* **과태료**
지정된 기한 내에 어떤 의무를 이행하지 않았을 때 부과하는 돈

제 5 장 초고층 및 지하연계 복합건축물 재난관리에 관한 특별법

01 초고층건축물 vs 지하연계 복합건축물

교재 1권 | P.83

초고층건축물	지하연계 복합건축물
① **50층** 이상 ② **200m** 이상	① 지하부분이 지하역사 또는 지하도상가와 연결된 건축물 (**11층** 이상 또는 1일 수용인원 **5000명** 이상) ② 문화 및 집회시설 ③ 판매시설 ④ 운수시설 ⑤ 업무시설 ⑥ 숙박시설 ⑦ 유원시설업 ⑧ 종합병원·요양병원

02 피난안전구역의 설치 교재 1권 | P.84

＊ 피난안전구역
건축물의 피난·안전을 위하여 건축물 중간층에 설치하는 대피공간

구 분	설 명
초고층건축물	피난층 또는 지상으로 통하는 직통계단과 직접 연결되는 피난안전구역을 지상층으로부터 최대 30개층마다 1개소 이상 설치

구 분	설 명
30~49층 이하 지하연계 복합건축물	피난층 또는 지상으로 통하는 직통계단과 직접 연결되는 피난안전구역을 해당 건축물 전체 층수의 $\frac{1}{2}$에 해당하는 층으로부터 상하 5개층 이내에 1개소 이상 설치
16층 이상 29층 이하 지하연계 복합건축물	지상층별 거주밀도가 ㎡당 1.5명을 초과하는 층은 해당 층의 사용형태별 면적의 합의 $\frac{1}{10}$에 해당하는 면적

03 ▶ 총괄재난관리자의 총괄·관리업무

교재 1권 P.85

(1) 재난 및 안전관리 계획의 수립에 관한 사항
(2) 재난예방 및 피해경감계획의 수립·시행에 관한 사항
(3) **통합안전점검** 실시에 관한 사항
(4) 교육 및 훈련에 관한 사항
(5) **홍보계획**의 수립·시행에 관한 사항
(6) **종합방재실**의 설치·운영에 관한 사항
(7) **종합재난관리체제**의 구축·운영에 관한 사항
(8) **피난안전구역** 설치·운영에 관한 사항
(9) 유해·위험물질의 관리 등에 관한 사항
(10) **초기대응대** 구성·운영에 관한 사항
(11) 대피 및 피난유도에 관한 사항
(12) 그 밖에 재난 및 안전관리에 관한 사항으로서 **행정안전부령**으로 정한 사항

★ 피난안전구역
건축물의 피난·안전을 위하여 건축물 중간층에 설치하는 대피공간

Key Point

교재 1권 PP.85-86

참고 **행정안전부령으로 정한 사항**

- 초고층 건축물 등의 유지·관리 및 점검, 보수 등에 관한 사항
- 방범, 보안, 테러 대비·대응 계획의 수립 및 시행에 관한 사항

04 총괄재난관리자의 자격

교재 1권 PP.85-86

(1) 건축사
(2) 건축·기계·전기·토목·안전관리분야 **기술사**
(3) **특급** 소방안전관리자
(4) 건축·기계·전기·토목·안전관리자 분야 **기사+실**
   건축설비 ×
   무경력 5년 이상
(5) 건축·기계·전기·토목·안전관리자 분야 **산업기사+**
   건축설비 ×
   실무경력 7년 이상
(6) 주택관리사+**실무경력 5년** 이상

＊ 총괄재난관리자

교재 1권 PP.85-86

기 사	산업기사
5년 이상	7년 이상

05 총괄재난관리자의 지정 및 등록

교재 1권 P.86

구 분	설 명
초고층건축물을 건축한 경우	건축물의 사용승인 또는 사용검사 등을 받은 날

구 분	설 명
용도변경 또는 용도변경에 따른 수용인원 증가로 초고층 건축물 등이 된 경우	용도변경 사실을 건축물 대장에 기록한 날
초고층건축물을 양수·경매·환가·압류재산의 매각, 인수한 경우	양수 또는 인수한 날(단, 양수 또는 관리주체가 종전의 총괄재난관리자를 다시 지정한 경우는 제외)
총괄재난관리자를 해임하였거나 퇴직한 경우	해임한 날 또는 퇴직한 날

06 ▶ 총괄재난관리자에 대한 교육

교재 1권 PP.86-87

* 초고층건축물 교육 및 훈련 교재 1권 P.87

매년 1회 이상

교육 주기	교육 내용
최초 **6개월** 이내, 그 후 **2년**마다 **1회** 이상	① 재난관리 일반 ② 법 및 하위법령의 주요 내용 ③ 재난예방 및 피해경감계획 수립에 관한 사항 ④ 관계인, 상시근무자 및 거주자에 대하여 실시하는 재난 및 테러 등에 대한 교육·훈련에 관한 사항 ⑤ 종합방재실의 설치·운영에 관한 사항 ⑥ 종합재난관리체제의 구축에 관한 사항 ⑦ 피난안전구역의 설치·운영에 관한 사항 ⑧ 유해·위험물질의 관리 등에 관한 사항 ⑨ 그 밖에 소방청장이 필요하다고 인정하는 사항

Key Point

＊초고층건축물 교육 및 훈련 실시 후 교재 1권 P.88

결과보고서	서류보관
10일 이내 시·군·구 본부장에게 제출	1년

＊초고층건축물 초기대응대 구성 교재 1권 P.88
상주 5명 이상의 관계인(단, 공동주택은 3명 이상)

✅ 중요 **초고층건축물 교육 및 훈련계획** 교재 1권 P.87

수 립	제 출
매년 12월 15일까지 수집	시·군·구 본부장

＊소화·피난 등의 훈련과 방화관리상 필요한 교육 : 14일 전까지 소방서장과 협의

07 초고층건축물 초기대응대 구성·운영

교재 1권 P.88

구 성	수행역할
상주 **5명** 이상의 관계인 (단, **공동주택**은 **3명** 이상)	① 재난발생장소 등 **현황파악, 신고** 및 **관계지역**에 대한 전파 ② **거주자** 및 **입점자** 등의 대피 및 피난 유도 ③ 재난 초기 대응 ④ 구조 및 응급조치 ⑤ 긴급구조기관에 대한 재난정보 제공 ⑥ 그 밖에 재난예방 및 피해경감을 위하여 필요한 사항

08 초고층건축물 초기대응대의 교육 및 훈련내용

교재 1권 P.89

(1) 재난발생장소 확인방법

(2) 재난의 신고 및 관계지역 전파 등의 방법

(3) **초기대응** 및 신체방호방법

(4) 층별 **거주자** 및 **입점자** 등의 **피난유도**방법

(5) **응급구호** 방법

(6) **소방** 및 **피난** 시설 작동방법

(7) **불**을 사용하는 설비 및 기구 등의 열원(熱源)차단방법

(8) **위험물품** 응급조치 방법

(9) 소방대 도착시 현장유도 및 정보제공 등

(10) 안전방호방법

(11) 그 밖에 재난초기대응에 필요한 사항

09 초고층건축물 벌칙

교재 1권 | P.89

5년 이하 징역, 5000만원 이하 벌금	300만원 이하 벌금	500만원 이하 과태료	300만원 이하 과태료
① 피난안전구역 미설치·미운영 ② 피난안전구역 폐쇄·차단	총괄재닌관리자 미지정	초기대응대 미구성, 미운영	① 총괄재난안전관리자 경직 ② 상시근무자·거주자 교육·훈련 미실시

＊ 300만원 이하 벌금
총괄재난관리자 미지정

제6장 재난 및 안전관리 기본법

01 재난 | 교재 1권 | P.91 |

자연재난	사회재난
태풍, 홍수, 호우(豪雨), **강풍, 풍랑**, 해일(海溢), 대설, 한파, 낙뢰, 가뭄, 폭염, 지진, 황사(黃砂), 조류(藻類) 대발생, 조수(潮水), 화산활동, 소행성·유성체 등 자연우주물체의 추락·충돌, 그 밖에 이에 준하는 자연현상으로 인하여 발생하는 재해	**화재·붕괴·폭발·교통사고** (항공사고 및 해상사고 포함)·화생방사고·환경오염사고 등으로 인하여 발생하는 **대통령령**으로 정하는 규모 이상의 피해와 국가핵심기반의 마비, 감염병 또는 **가축전염병**의 확산 등으로 인한 피해

＊ 국가핵심기반
| 교재 1권 | P.91 |
에너지, 정보통신, 교통수송, 보건의료 등 국가경제, 국민의 안전·건강 및 정부의 핵심기능에 중대한 영향을 미칠 수 있는 시설, 정보기술시스템 및 자산

02 국가안전관리기본계획의 수립

| 교재 1권 | P.92 |

국무총리	중앙행정기관의 장
국가안전관리기본계획 수립지침 작성	① 재난 및 안전관리업무 기본계획 작성 ② 재난관리책임기관 장에게 통보

┃ 안전관리계획의 구분 및 작성책임 ┃

안전관리계획의 구분 및 분류	작성 및 책임자
국가안전관리 기본계획(국가단위)	국무총리
국가안전관리 기본계획(부처단위)	중앙행정기관의 장
시·도 안전관리계획	시·도지사
시·군·구 안전관리계획	시장·군수·구청장

03 재난관리책임기관의 재난 방지 조치

교재 1권 P.94

(1) 재난에 대응할 **조직**의 **구성** 및 **정비**

(2) 재난의 예측 및 예측정보 등의 제공·이용에 관한 체계의 구축

(3) 재난 발생에 대비한 **교육·훈련**과 재난관리예방에 관한 **홍보**

(4) 재난이 발생할 위험이 높은 분야에 대한 **안전관리체계**의 **구축** 및 **안전관리규정**의 제정

(5) 국가핵심기반의 관리

(6) **특정관리대상지역**에 관한 조치

(7) 재난방지시설의 **점검·관리**

(8) 재난관리자원의 관리 [시행일 : 2024. 1. 18]

(9) 그 밖에 재난을 예방하기 위하여 필요하다고 인정되는 사항

＊중앙행정기관의 장
재난관리책임기관 장에게 통보

04 국가재난관리기준에 포함되어야 할 사항

교재 1권 P.94

(1) 재난분야 **용어정의** 및 **표준체계** 정립

(2) 국가재난 대응체계에 대한 원칙

(3) **재난경감·상황관리·유지관리** 등에 관한 일반적 기준

(4) 재난에 관한 예보·경보의 발령 기준

(5) **재난상황**의 **전파**

(6) 재난발생시 효과적인 지휘·통제 체제 마련

(7) 재난관리를 효과적으로 수행하기 위한 관계기관 간 상호협력 방안

(8) 재난관리체계에 대한 평가 기준이나 방법

(9) 그 밖에 재난관리를 효율적으로 수행하기 위하여 **행정안전부장관**이 필요하다고 인정하는 사항

05 재난의 선포절차 및 과정

교재 1권 P.96

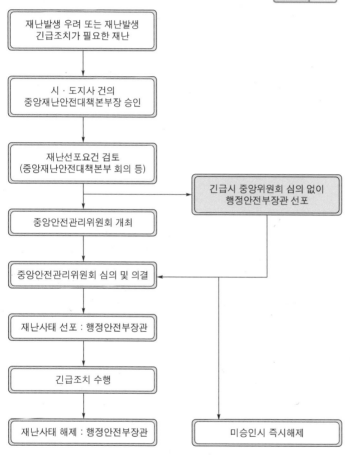

Key Point

* 재난사태의 선포 · 해제

교재 1권 P.96

행정안전부장관

Key Point

* 재난유형별 대응체계
교재 1권 P.98

단 계	내 용
관심	징후활동 낮음
주의	징후활동 비교적 활발
경계	징후활동 매우 활발, 농후
심각	징후활동 매우 활발, 확실

06 재난유형별 대응체계   교재 1권 P.98

단 계	내 용	비 고
관심 (Blue)	**징후**가 있으나, 그 **활동**이 **낮으며** 가까운 기간 내에 국가위기로 발전할 가능성이 비교적 낮은 상태	징후활동 감시
주의 (Yellow)	**징후활동**이 **비교적 활발**하고 국가위기로 발전할 수 있는 일정 수준의 경향성이 나타나는 상태	대비계획 점검
경계 (Orange)	**징후활동**이 **매우 활발**하고 전개속도, 경향성 등이 현저한 수준으로서 국가위기로의 발전 가능성이 **농후**한 상태	즉각 대응 태세 돌입
심각 (Red)	**징후활동**이 매우 활발하고 전개속도, 경향성 등이 심각한 수준으로서 **확실**시되는 상태	대규모 인원 피난

07 재난사태 선포 vs 특별재난지역 선포

교재 1권 P.96, P.98

* 특별재난지역 선포 건의
교재 1권 P.98

중앙대책본부장

재난사태 선포	특별재난지역 선포
행정안전부장관	대통령

08 특별재난의 범위 교재 1권 P.99

(1) 자연재난으로서 국고지원대상 피해 기준금액의 **2.5배**를 **초과**하는 피해가 발생한 재난

(2) 자연재난으로서 국고지원대상에 해당하는 시·군·구의 관할 읍·면·동의 국고지원대상 피해 기준금액의 $\frac{1}{4}$을 **초과**하는 피해가 발생한 재난

(3) 사회재난 중 재난이 발생한 해당 지방자치단체의 행정능력이나 재정능력으로는 재난의 수습이 곤란하여 **국가적 차원**의 **지원**이 필요하다고 인정되는 재난

(4) 그 밖에 재난발생으로 인한 생활기반상실 등 극심한 피해의 효과적인 수습 및 복구를 위하여 국가적 차원의 특별한 조치가 필요하다고 인정되는 재난

Key Point

* **특별재난 범위**
① 2.5배 초과
② $\frac{1}{4}$ 초과

제 7 장

위험물안전관리법

01 위험물안전관리법

1 지정수량 교재 1권 P.102

위험물의 종류별로 위험성을 고려하여 **대통령령**이 정하는 수량으로서, 제조소 등의 설치허가 등에서 기준이 되는 수량

＊위험물 교재 1권 P.101
인화성 또는 **발화성** 등의 성질을 가지는 것으로서 **대통령령**이 정하는 물품

2 위험물의 지정수량 교재 1권 P.102

위험물	지정수량
유 황	100kg
휘발유	2OOL 공화성 기억법 휘2
질 산	300kg
알코올류	400L
등유·경유	1000L
중 유	2000L 공화성 기억법 중2(간부 중위)

3 선임신고 　교재 1권 P.40, P.104

14일 이내에 **소방본부장 · 소방서장**에게 신고

(1) 소방안전관리자

(2) 위험물안전관리자

4 위험물취급자격자의 자격 　교재 1권 P.105

위험물취급자격자의 구분	취급할 수 있는 위험물
위험물기능장, 위험물산업기사, 위험물기능사	모든 위험물
위험물안전관리자 교육이수자	제4류 위험물
소방공무원 근무경력 **3년** 이상인 자	제4류 위험물

5 위험물안전관리자 대리자 자격요건
　교재 1권 P.106

(1) 위험물의 취급에 관한 자격취득자

(2) 안전교육을 받은 자

(3) 제조소 등의 위험물안전관리 업무에서 안전관리자를 지휘 · 감독하는 직위에 있는 자

6 1인의 위험물안전관리자를 중복 선임할 수 있는 경우 　교재 1권 PP.107-108

(1) 보일러 · 버너 7개 이하의 일반취급소 · 저장소를 동일인이 설치한 경우

Key Point

＊ 30일 이내
　교재 1권 PP.39-40, P.104
① 소방안전관리자의 **재선임**(다시 선임)
② 위험물안전관리자의 **재선임**(다시 선임)

＊ 위험물안전관리자 대리자 직무대행기간
　교재 1권 P.106
30일 이하

* 보행거리
걸어서 갈 수 있는 거리

(2) 차량에 고정된 수조 또는 운반용기에 옮겨 담기 위한 5개 이하의 일반취급소(일반취급소간의 **보행거리**가 **300m 이내**인 경우)와 저장소를 동일인이 설치한 경우

(3) 동일구 내에 있거나 상호 **보행거리 100m** 이내의 거리에 있는 저장소로서 동일인이 설치한 경우
　① **10개** 이하의 **옥내저장소**
　② **30개** 이하의 **옥외탱크저장소**
　③ **옥내탱크저장소**
　④ **지하탱크저장소**
　⑤ **간이탱크저장소**
　⑥ **10개** 이하의 **옥외저장소**
　⑦ **10개** 이하의 **암반탱크저장소**

(4) 다음의 기준에 모두 적합한 5개 이하의 제조소 등을 동일인이 설치한 경우
　① 각 제조소 등이 동일구 내에 위치하거나 상호 **100m** 이내의 거리에 있을 것
　② 각 제조소 등에서 저장 또는 취급하는 위험물의 최대수량이 지정수량의 **3000배** 미만(단, 저장소 제외)

(5) **선박주유취급소**의 고정주유설비에 공급하기 위한 위험물을 저장하는 저장소와 당해 선박주유취급소와 제조소를 동일인이 설치한 경우

7 **1인의 위험물안전관리자를 중복하여 선임하는 경우 대리자의 자격이 있는 자를 지정하여 위험물안전관리자를 보조하게 하여야 하는 곳** 교재 1권 P.108

(1) 제조소
(2) 이송취급소

(3) 일반취급소 (단, 인화점이 **38℃** 이상인 **제4류 위험물**만을 지정수량의 **30배 이하**로 취급하는 일반취급소로서 다음 일반취급소 제외)

　① **보일러**·버너 또는 이와 비슷한 것으로서 위험물을 소비하는 장치로 이루어진 일반취급소

　② 위험물을 용기에 옮겨 담거나 차량에 고정된 수조에 주입하는 일반취급소

8 제조소 등의 사용중지시 행정안전부령으로 정하는 안전조치 　교재 1권 P.110

(1) 탱크 배관 등 위험물을 저장 또는 취급하는 설비에서 위험물 및 가연성 증기 등의 제거

(2) 관계인이 아닌 사람에 대한 해당 제조소 등에의 출입 금지 조치

(3) 해당 제조소 등의 사용중지 사실의 게시

(4) 그 밖에 위험물의 사고 예방에 필요한 조치

9 위험물의 저장·취급과 관련한 각종 신청 　교재 1권 PP.110~111

* 위험물 안전관리자 선임신고
14일 이내

내용 종류	절 차	시 기
임시저장·취급	소방본부장 또는 소방서장의 승인	저장·취급 전
안전관리자 선임신고	소방본부장·소방서장에게 신고	선임 후 **14일** 이내
제조소 등이 설치 또는 변경	시·도지사(소방서장)의 허가 또는 협의(군용위험물시설)	공사착공 전

Key Point

종류 ＼ 내용	절 차	시 기
품명, 수량 또는 지정수량의 변경	시·도지사(소방서장)에게 신고	변경 1일 전
탱크안전성능검사	시·도지사(소방서장 등)에게 검사	완공검사 전
완공검사	시·도지사(소방서장 등)에게 검사	완공 후 사용개시 전
제조소 등의 승계신고	시·도지사(소방서장)에게 신고	양도·인도를 받은 자가 30일 이내
제조소 등의 용도폐지신고	시·도지사(소방서장)에게 신고	용도 폐지 후 14일 이내
제조소 등의 사용 중지등	시·도지사(소방서장)에게 신고	중지 또는 재개 14일 전
예방규정 제출	시·도지사(소방서장)에게 제출	시살 사용개시 전

＊ 제조소 등의 용도폐지
신고 　교재 1권 P.110
14일 이내

10 정기점검대상인 제조소 　교재 1권 P.112

(1) 지정수량의 **10배** 이상 **제조소·일반취급소**

(2) 지정수량의 **100배** 이상 **옥외저장소**

(3) 지정수량의 **150배** 이상 **옥내저장소**

(4) 지정수량의 **200배** 이상 **옥외탱크저장소**

(5) 암반탱크저장소

(6) 이송취급소

(7) **지하탱크저장소**

(8) **이동탱크저장소**

(9) 지하에 매설된 수조가 있는 **제조소·주유취급소· 일반취급소**

Key Point

11 제조소 등의 정기점검 대상범위 _{교재 1권 P.113}

정기점검 구분	점검대상	점검자의 자격	점검기록 보존연한	횟 수
일반점검	정기점검 대상	안전관리자	3년	연 1회 이상
구조안전 점검	50만L 이상의 옥외 수조저장 시설	소방청장이 고시하는 점검방법에 관한 지식 및 기능이 있는 자	25년 (구조안전점검시기 연장신청을 하여 안전조치가 적정한 것으로 인정받은 경우)	–

[비고]
1. 제조소 등의 설치허가에 따른 완공검사합격확인증을 교부 받은 날부터 **12년**
2. 최근의 정기검사를 받은 날부터 **11년**
3. 특정·준특정옥외저장수조에 안전조치를 한 후 공사에 구조안전검검시기 연장신청을 하여 당해 안전조치가 적정한 것으로 인정받은 경우에는 최근의 정기검사를 받은 날부터 **13년**

12 제조소 등 정기점검 기록사항 _{교재 1권 P.114}

(1) 점검을 실시한 제조소 등의 명칭
(2) 점검의 방법 및 결과
(3) 점검 연월일
(4) 점검을 한 안전관리자 또는 점검을 한 수조시험자와 점검에 참관한 안전관리자의 성명

* 제조소 등 정기점검 결과 제출 _{교재 1권 P.115}
점검한 날부터 30일 이내 시·도지사(소방서장)

★ 벌칙 교재 1권 P.115

무기, 3년	무기, 5년	1~10년
위험물 유출, 상해	위험물 유출, 사망	위험물 유출, 위험

13 벌칙 교재 1권 P.115

벌 칙	구 분
무기 또는 **3년** 이상의 징역	위험물을 유출하여 사람을 **상해**에 이르게 한 사람
무기 또는 **5년** 이상의 징역	위험물을 유출하여 사람을 **사망**에 이르게 한 사람
1년 이상 **10년** 이하의 징역	위험물을 유출하여 사람에게 **위험**을 발생시킨 사람

✓ 중요 제조소 등의 점검결과를 기록·보존하지 않는 자 교재 1권 P.118

1차 위반	2차 위반	3차 위반
250만원 과태료	400만원 과태료	500만원 과태료

제 **3** 편

건축관계법령

칭찬 10계명

1. 칭찬할 일이 생겼을 때는 즉시 칭찬하라.

2. 잘한 점을 구체적으로 칭찬하라.

3. 가능한 한 공개적으로 칭찬하라.

4. 결과보다는 과정을 칭찬하라.

5. 사랑하는 사람을 대하듯 칭찬하라.

6. 거짓 없이 진실한 마음으로 칭찬하라.

7. 긍정적인 눈으로 보면 칭찬할 일이 보인다.

8. 일이 잘 풀리지 않을 때 더욱 격려하라.

9. 잘못된 일이 생기면 관심을 다른 방향으로 유도하라.

10. 가끔씩 자기 자신을 스스로 칭찬하라.

✱ 지하층 교재 1권 P.125
건축물의 바닥이 지표면 아래에 있는 층으로서 그 바닥으로부터 지표면까지의 평균 높이가 해당층 높이의 $\frac{1}{2}$ **이상인 것**

01 지하층 교재 1권 P.125

건축물의 바닥이 지표면 아래에 있는 층으로서 그 바닥으로부터 지표면까지의 평균 높이가 해당 층 높이의 $\frac{1}{2}$ **이상**인 것

🔍 참고 **지하층의 개념**

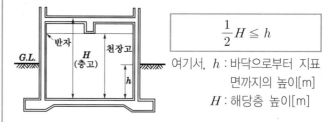

$$\frac{1}{2}H \leq h$$

여기서, h : 바닥으로부터 지표면까지의 높이[m]
H : 해당층 높이[m]

✱ 주요구조부
교재 1권 P.126
① 내력벽
② 보
③ 지붕틀
④ 바닥
⑤ 주계단
⑥ 기둥

02 주요구조부 교재 1권 P.126

(1) 내력**벽**(기초 제외)
(2) **보**(작은 보 제외)
(3) **지**붕틀(차양 제외)
(4) **바**닥(최하층 바닥 제외)
(5) **주**계단(옥외계단 제외)
(6) **기**둥(사잇기둥 제외)

공하성 기억법 **벽보지 바주기**

Key Point

03 내화구조와 방화구조 [교재 1권] P.133, P.136

내화구조	방화구조	
	구조내용	기 준
① 철근콘크리트조 ② 연와조 ③ 일정 시간 동안 형태나 강도 등이 크게 변하지 않는 구조 ④ 대체로 화재 후에도 재사용이 가능한 구조	• 철망모르타르 바르기	바름두께가 **2cm** 이상인 것
	• 석고판 위에 시멘트 모르타르 또는 회반죽을 바른 것 • 시멘트 모르타르 위에 타일을 붙인 것	두께의 합계가 **2.5cm** 이상인 것
	• 심벽에 흙으로 맞벽치기 한 것	두께와 무관함

☑ 중요 내화구조의 기준 [교재 1권] P.134

내화구분		기 준
벽	모든 벽	① 철골·철근콘크리트조로서 두께가 **10cm** 이상인 것 ② 골구를 철골조로 하고 그 양면을 두께 **4cm** 이상의 철망 모르타르로 덮은 것 ③ 두께 **5cm** 이상의 콘크리트 블록·벽돌 또는 석재로 덮은 것 ④ 철재로 보강된 **콘크리트블록조·벽돌조** 또는 석조로서 철재에 덮은 콘크리트블록의 두께가 **5cm** 이상인 것 ⑤ 벽돌조로서 두께가 **19cm** 이상인 것

✻ 불연재료 [교재 1권] P.166
① 콘크리트
② 석재
③ 벽돌
④ 기와
⑤ 철강
⑥ 알루미늄
⑦ 유리
⑧ 시멘트 모르타르
⑨ 회

✻ 연와조
'**벽돌조**'를 말한다.

Key Point

내화구분		기 준
벽	외벽 중 비내력벽	① 철골·철근콘크리트조로서 두께가 **7cm** 이상인 것 ② 골구를 철골조로 하고 그 양면을 두께 **3cm** 이상의 철망 모르타르로 덮은 것 ③ 두께 **4cm** 이상의 콘크리트 블록·벽돌 또는 석재로 덮은 것 ④ 석조로서 두께가 **7cm** 이상인 것
	기둥 (작은 지름이 **25cm** 이상인 것)	① 철골을 두께 **6cm** 이상의 철망 모르타르로 덮은 것 ② 두께 **7cm** 이상의 콘크리트 블록·벽돌 또는 석재로 덮은 것 ③ 철골을 두께 **5cm** 이상의 콘크리트로 덮은 것
	바닥	① 철골·철근콘크리트조로서 두께가 **10cm** 이상인 것 ② 석조로서 철재에 덮은 콘크리트블록 등의 두께가 **5cm** 이상인 것 ③ 철재의 양면을 두께 **5cm** 이상의 철망 모르타르로 덮은 것
	보	① 철골을 두께 **6cm** 이상의 철망 모르타르로 덮은 것 ② 두께 **5cm** 이상의 콘크리트로 덮은 것 ③ 철근콘크리트조
	계단	① 철근콘크리트조 또는 철골·철근콘크리트조 ② 무근콘크리트조·콘크리트블록조·벽돌조 또는 석조 ③ **철재로 보강된 콘크리트블록조·벽돌조 또는 석조** ④ **철골조**

04 건축 교재 1권 PP.126-132

종 류	설 명
신축	건축물이 없는 대지(기존 건축물이 해체되거나 멸실된 대지를 포함)에 새로 건축물을 축조하는 것(부속 건축물만 있는 대지에 새로 주된 건축물을 축조하는 것을 포함하되, 개축 또는 재축에 해당하는 경우를 제외)
증축	기존 건축물이 있는 대지 안에서 건축물의 건축면적·연면적·층수 또는 높이를 증가시키는 것을 말한다. 즉 기존 건축물이 있는 대지에 건축하는 것은 기존 건축물에 붙여서 건축하거나 별동으로 건축하거나 관계없이 증축에 해당
개축	기존 건축물의 **전부** 또는 **일부**(내력벽·기둥·보·지붕틀 중 **3개 이상**이 포함되는 경우)를 철거하고 그 대지 안에 동일한 규모의 범위 안에서 건축물을 **다시 축조**하는 것
재축	건축물이 천재지변이나 기타 재해로 멸실된 경우 그 대지 안에 다음의 요건을 갖추어 다시 축조하는 것 ① 연면적 합계는 종전 규모 이하로 할 것 ② 동수, 층수 및 높이는 다음 어느 하나에 해당할 것 　㉠ 동수, 층수 및 높이가 모두 종전 규모 이하일 것 　㉡ 동수, 층수 또는 높이의 어느 하나가 종전 규모를 초과하는 경우에는 해당 동수, 층수 및 높이가 건축법령에 모두 적합할 것
이전	건축물의 주요구조부를 해체하지 않고 동일한 대지 안의 다른 위치로 옮기는 것
리모델링	건축물의 노후화를 억제하거나 기능 향상 등을 위하여 대수선하거나 건축물의 일부를 증축 또는 개축하는 행위

＊ 개축 vs 재축

교재 1권 PP.129-130

개 축	재 축
전부 또는 일부 다시 축조	다시 축조

05 대수선의 범위 교재 1권 | P.132

(1) **내력벽**을 증설 또는 해체하거나 그 벽면적을 **30m²** 이상 수선 또는 변경하는 것

(2) **기둥**을 증설 또는 해체하거나 **3개** 이상 수선 또는 변경하는 것

(3) **보**를 증설 또는 해체하거나 **3개** 이상 수선 또는 변경하는 것

(4) **지붕틀**(한옥의 경우에는 지붕틀의 범위에서 서까래 제외)을 증설 또는 해체하거나 **3개** 이상 수선 또는 변경하는 것

(5) 방화벽 또는 방화구획을 위한 바닥 또는 벽을 증설 또는 해체하거나 수선 또는 변경하는 것

(6) 주계단 · 피난계단 또는 특별피난계단을 증설 또는 해체하거나 수선 또는 변경하는 것

(7) 다가구주택의 가구 간 경계벽 또는 다세대주택의 세대 간 경계벽을 증설 또는 해체하거나 수선 또는 변경하는 것

(8) 건축물의 외벽에 사용하는 **마감재료**를 증설 또는 해체하거나 벽면적 **30m²** 이상 수선 또는 변경하는 것

* 대수선　교재 1권 | P.132
서까래 제외

70

06 내화구조 및 방화구조 교재 1권 P.133, P.136

	내화구조	방화구조
정의	① 화재에 견딜 수 있는 성능을 가진 구조 ② 화재시에 일정시간 동안 형태나 강도 등이 크게 변하지 않는 구조 ③ 화재 후에도 재사용이 가능한 정도의 구조	화염의 확산을 막을 수 있는 성능을 가진 구조
종류	① 철근콘크리트조 ② 연와조	① 철망 모르타르 바르기 ② 회반죽 바르기

✱ 내화구조 vs 방화구조
교재 1권 P.133, P.136

내화구조	방화구조
① 철근콘크리트조 ② 연와조	① 철망 모르타르 바르기 ② 회반죽 바르기

07 면적의 산정 교재 1권 PP.136-144

용 어	설 명
건축면적	건축물의 **외벽**의 중심선으로 둘러싸인 부분의 수평투영면적
바닥면적	건축물의 **각 층** 또는 그 일부로서 벽, 기둥, 기타 이와 유사한 구획의 중심선으로 둘러싸인 부분의 수평투영면적
연면적	하나의 건축물의 각 층의 **바닥면적**의 합계
건폐율	대지면적에 대한 **건축면적**의 비율
용적률	대지면적에 대한 **연면적**의 비율
구역·지역·지구	구역	도시개발구역, 개발제한구역 등

| | 지역 | 주거지역, 상업지역 등 |
| | 지구 | 방화지구, 방재지구, 경관지구 등 |

✱ 방화지구
밀집한 도심지 등에서 화재가 발생하는 경우 그 피해가 다른 건물로 미칠 것을 고려하여 건축물 구조를 내화구조로 하고 공작물의 주요부는 불연재로 하는 규제 강화지구

제2장 피난시설, 방화구획 및 방화시설의 관리

01 피난시설, 방화구획 및 방화시설의 범위

교재 1권 P.161

(1) 피난시설에는 **계단**, **복도**, **출입구**, 피난용 승강기, 옥상광장, 피난안전구역 등이 있다.

(2) 피난계단의 종류에는 **직통계단**, **피난계단**, **특별 피난계단**이 있다.

＊ 직통계단 교재 1권 P.151
건축물의 피난층 외의 층에서 피난층 또는 지상으로 통하는 계단

02 직통계단 보행거리 기준

교재 1권 P.151

구 분	보행거리
일반기준	● **30m** 이하
건축물의 주요구조부(내화구조 또는 불연재료)	● **50m** 이하 ● 16층 이상인 공동주택의 경우 16층 이상의 층 : **40m** 이하
반도체 및 디스플레이 패널 제조공장으로 자동화 생산시설에 자동식 소화설비를 설치한 경우	● **75m** 이하(무인화 공장 : **100m** 이하)

03 옥상광장 등의 설치 교재 1권 | PP.155-156

(1) 옥상광장 또는 **2층** 이상의 층에 노대 등의 주위에는
    3층 이상 ×
    높이 **1.2m** 이상의 난간 설치

(2) **5층 이상**의 층으로 옥상광장 설치대상
    ① 근린생활시설 중 **공연장·종교집회장·인터넷
    컴퓨터게임 시설제공업소(바닥면적 합계가 각
    각 300m² 이상)**
    ② 문화 및 집회시설(전시장 및 동식물원 **제외**)
    ③ 종교시설, 판매시설, 주점영업, 장례시설

＊ 노대 교재 1권 | P.129
'베란다' 또는 '발코니'를 말
한다.

04 피난용 승강기의 설치기준

교재 1권 | P.159

(1) 승강장의 바닥면적은 승강기 **1대당 6m² 이상**으로
    할 것
(2) 각 층으로부터 피난층까지 이르는 승강로를 단일구
    조로 연결하여 설치할 것
(3) 예비전원으로 작동하는 조명설비를 설치할 것
(4) 승강장의 출입구 부근의 잘 보이는 곳에 해당 승강기
    가 피난용 승강기임을 알리는 표지를 설치할 것

＊ 피난용 승강기
교재 1권 | P.158
화재 등 재난 발생시 거주
자의 피난활동에 적합하게
제조·설치된 엘리베이터
로서 평상시에는 승객용으
로 사용하는 엘리베이터

05 방화구획의 기준 [교재 1권 P.161]

＊ 방화구획 기준
스프링클러설비 설치=바닥
면적×3배

대상 건축물	대상 규모	층 및 구획방법		구획부분의 구조
주요 구조부가 내화구조 또는 불연재료 로 된 건축물	연면적 1000m² 넘는 것	• 10층 이하	• 바닥면적 1000m² 이내마다	• 내화구조로 된 바닥・벽 • 60분+방화 문, 60분 방 화문 • 자동 방 화 셔터
		• 매 층 마다	다만, 지하 1층에 서 지상으로 직접 연결하는 경사로 부위는 제외	
		• 11층 이상	• 바닥면적 200m² 이내마다(실내마 감을 불연재료 로 한 경우 500m² 이내마다)	

- 스프링클러, 기타 이와 유사한 자동식 소화설비를 설치한 경우 바닥면적은 위의 **3배** 면적으로 산정한다.
- **필로티**나 그 밖의 비슷한 구조의 부분을 주차장으로 사용하는 경우 그 부분은 건축물의 다른 부분과 구획할 것

06 자동방화셔터

1 개 념 [교재 1권 P.163]

내화구조로 된 벽을 설치하지 못하는 경우 화재시 연기 및 열을 감지하여 자동 폐쇄되는 셔터를 말한다.

2 자동방화셔터가 갖추어야 할 요건

교재 1권 P.162

(1) 피난이 가능한 **60분+방화문** 또는 **60분 방화문**으로부터 **3m** 이내에 별도로 설치할 것
(2) 전동방식이나 수동방식으로 개폐할 수 있을 것
(3) 불꽃감지기 또는 연기감지기 중 하나와 열감지기를 설치할 것
(4) **불꽃**이나 **연기**를 감지한 경우 **일부 폐쇄**되는 구조일 것
(5) **열**을 감지한 경우 **완전 폐쇄**되는 구조일 것

* **자동방화셔터**　교재 1권 P.162

일부 폐쇄	완전 폐쇄
불꽃, 연기감지	열감지

07 방화문의 구분

교재 1권 P.162

* **방화문**　교재 1권 P.162
화재의 확대, 연소를 방지하기 위해 방화구의 개구부에 설치하는 문

60분+방화문	60분 방화문	30분 방화문
연기 및 불꽃을 차단할 수 있는 시간이 60분 이상이고, 열을 차단할 수 있는 시간이 30분 이상인 방화문	연기 및 불꽃을 차단할 수 있는 시간이 60분 이상인 방화문	연기 및 불꽃을 차단할 수 있는 시간이 30분 이상 60분 미만인 방화문

08 배연설비(배연창, 배연구) 설치대상

교재 1권 P.164

설치대상	층 수
① 공연장, 종교집회장, 인터넷컴퓨터게임시설제공업소 및 다중생활시설(공연장, 종교집회장 및 인터넷컴퓨터게임시설제공업소는 바닥면적의 합계가 각각 300m² 이상인 경우만 해당) ② 문화 및 집회시설, 종교시설, 판매시설, 운수시설 ③ 의료시설(요양병원 및 정신병원 제외) ④ 연구소 ⑤ 아동관련시설, 노인복지시설(노인요양시설은 제외) ⑥ 유스호스텔 ⑦ 운동시설, 업무시설, 숙박시설, 위락시설, 관광휴게시설, 장례시설	6층 이상
① 요양병원 및 정신병원 ② 노인요양시설·장애인 거주시설 및 장애인 의료재활시설 ③ 산후조리원	모든 층

09 소방관 진입창의 설치기준

교재 1권 P.165

(1) **2~11층** 이하인 층에 각각 **1개소 이상** 설치할 것(이 경우 소방관이 진입할 수 있는 창의 가운데에서 벽면 끝까지의 수평거리가 **40m 이상**인 경우에는 **40m 이내**마다 소방관이 진입할 수 있는 창을 추가 설치)

(2) 소방차 진입로 또는 소방차 진입이 가능한 **공터**에 면할 것

* 소방관 진입창

교재 1권 P.165

2~11층 이하에 1개소 이상 설치

(3) 창문의 가운데에 지름 **20cm 이상**의 역삼각형을 야간에도 알아볼 수 있도록 **빛 반사** 등으로 **붉은색**으로 표시할 것

(4) 창문의 한쪽 모서리에 타격지점을 지름 **3cm 이상**의 원형으로 표시할 것

(5) 창문의 크기는 폭 **90cm 이상**, 높이 **1.2m 이상**으로 하고, 실내 바닥면으로부터 창의 아랫부분까지의 높이는 **80cm 이내**로 할 것

(6) 다음에 해당하는 유리를 사용할 것

① 플로트판유리로서 그 두께가 **6mm 이하**인 것

② **강화유리** 또는 **배강도유리**로서 그 두께가 **5mm 이하**인 것

③ ① 또는 ②에 해당하는 유리로 구성된 **이중유리**로서 그 두께가 **24mm 이하**인 것

10 방화에 지장이 없는 재료의 구분

교재 1권 P.166

불연재료	준불연재료	난연재료
불에 타지 아니하는 성질을 가진 재료 ① 콘크리트 ② 석재 ③ 벽돌 ④ 기와 ⑤ 철강 ⑥ 알루미늄 ⑦ 유리 ⑧ 시멘트 모르타르 ⑨ 회	불연재료에 준하는 성질을 가진 재료	불에 잘 타지 아니하는 성능을 가진 재료

＊ 불연재료
① 콘크리트
② 석재
③ 벽돌
④ 기와
⑤ 철강
⑥ 알루미늄
⑦ 유리
⑧ 시멘트 모르타르
⑨ 회

Key Point

11 규제대상

건축물 내부 마감재료의 규제대상 교재 1권 P.166	건축물 외벽 마감재료 규제대상 교재 1권 P.167
① 공동주택 ② 발전시설 ③ 공장 ④ 문화 및 집회시설	① 의료시설 ② 교육연구시설 ③ **3층** 이상 또는 높이 **9m** 이상 건축물

12 피난시설, 방화구획 및 방화시설에 대한 금지 행위

교재 1권 P.167

(1) 피난시설, 방화구획 및 방화시설을 **폐쇄**하거나 **훼손** 하는 등의 행위

(2) 피난시설, 방화구획 및 방화시설의 주위에 물건을 쌓 아두거나 **장애물**을 **설치**하는 행위

(3) 피난시설, 방화구획 및 방화시설의 용도에 장애를 주거나 **소방활동**에 지장을 주는 행위

(4) 그 밖에 피난시설, 방화구획 및 방화시설을 변경하는 행위

＊ 소방활동 교재 1권 P.167
① 화재진압
② 인명대피
③ 사람구출

제 4 편

소방학개론

인생에 있어서 가장 힘든 일은
아무것도 하지 않는 것이다.

제1장 연소이론

01 연소이론

* **연소** 교재 1권 P.171

* **연소**
가연물이 공기 중에 있는 산소 또는 산화제와 반응하여 **열**과 **빛**을 발생하면서 **산화**하는 현상

* **연소의 3요소**

교재 1권 P.171

① **가**연물질
② **산**소공급원
③ **점**화원

공화성 기억법

가산점

1 연소의 3요소와 4요소 교재 1권 P.171

연소의 3요소	연소의 4요소
• **가**연물질 • **산**소공급원(공기·오존·산화제·지연성 가스) • **점**화원(활성화에너지) 공화성 기억법 **가산점**	• **가**연물질 • **산**소공급원(공기·오존·산화제·지연성 가스) • **점**화원(활성화에너지) • 화학적인 **연**쇄반응 공화성 기억법 **가산점연**

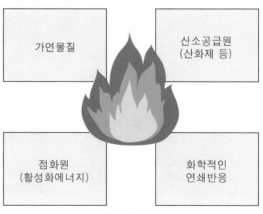

‖연소의 4요소‖

Key Point

☑ 중요 **소화방법의 예** 교재 1권 PP.189-190

제거소화	질식소화	냉각소화	억제소화
• 가스밸브의 **폐쇄**(차단) • 가연물 직접 **제거** 및 **파괴** • **촛불**을 입으로 불어 가연성 증기를 순간적으로 날려 보내는 방법 • 산불화재시 진행방향의 나무 **제거**	• 불연성 기체로 연소물을 덮는 방법 • 불연성 포로 연소물을 덮는 방법 • 불연성 고체로 연소물을 덮는 방법	• 주수에 의한 냉각작용 • 이산화탄소 소화약제에 의한 냉각작용	• 화학적 작용에 의한 소화방법 • 할론, 할로겐화합물 소화약제에 의한 억제(부촉매)작용 • 분말소화약제에 의한 억제(부촉매)작용
연소의 3요소를 이용한 소화방법			연소의 4요소를 이용한 소화방법

2 가연성물질의 구비조건 교재 1권 PP.172-173

(1) 화학반응을 일으킬 때 필요한 **활성화에너지값**이 **작아야** 한다.

(2) 일반적으로 산화되기 쉬운 물질로서 산소와 결합할 때 **발열량**이 커야 한다.

(3) 열의 축적이 용이하도록 **열전도**의 값이 **작아야** 한다.

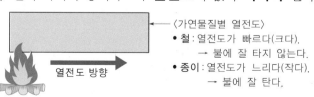

〈가연물질별 열전도〉
• **철** : 열전도가 빠르다(크다).
  → 불에 잘 타지 않는다.
• **종이** : 열전도가 느리다(작다).
  → 불에 잘 탄다.

열전도 방향

∥ 열전도 ∥

★ 활성화에너지
'최초 점화에너지'와 동일한 뜻

* 지연성 가스
가연성물질이 잘 타도록
도와주는 가스 '조연성 가스'
라고도 함

(4) 지연성 가스인 산소·염소와의 친화력이 강해야 한다.
(5) 산소와 접촉할 수 있는 표면적이 큰 물질이어야 한다.
(6) **연쇄반응**을 일으킬 수 있는 물질이어야 한다.

> 용어 | **활성화에너지(최소 점화에너지)**
>
> 가연물이 처음 연소하는 데 필요한 열

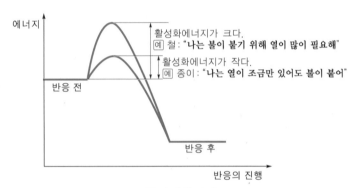

∥ 활성화에너지 ∥

3 가연물이 될 수 없는 조건 교재 1권 P.172

특 징	불연성 물질
불활성기체	• **헬**륨 • **크**립톤 • **네**온 • **크**세논 • **아**르곤 • **라**돈 공하성 기억법 헬네아크라
완전산화물	• 물(H_2O) • 산화알루미늄 • **이산화탄소(CO_2)** • 삼산화황
흡열반응물질	• 질소 • 질소산화물

* 이산화탄소 교재 1권 P.172
산소와 화학반응을 일으키
지 않음

┃흡열반응물질┃

4 공기 중 산소(약 21%)   교재 1권 P.173

┃공기 중 산소농도┃

구 분	산소농도
체적비	약 21%

5 점화원   교재 1권 PP.173-174

종 류	설 명
화염	아무리 작은 화염이라도 가연성 혼합기체는 확실하게 인화한다. 일반적으로 화염에는 **최저온도**가 있고 그 값은 탄화수소 등에서는 약 **1200℃** 정도이다.
열면	가연물이 고온의 고체표면에 접촉하면 조건에 따라서 발화된다. 가연물의 발화 여부는 뜨거운 가열체의 면적에 영향을 크게 받는데, 프로판-공기 혼합기체를 약 **850℃**가 되는 흡입시의 담뱃불에 의해 발화되지 않는 것은 **담뱃불**이라고 하는 발화원이 작기 때문이다.
전기불꽃	**단시간**에 집중적으로 에너지를 대상물에 부여하 장시간 ✕ 므로 에너지밀도가 높은 발화원이다.
단열압축	기체를 압축하면 열이 발생·축적되는데 이 열이 발화의 에너지원으로 작용할 수 있다.
자연발화	물질이 외부로부터 에너지를 **공급받지 않아도** 자체적으로 온도가 상승하여 발화하는 현상이다.
기타	이외에 마찰, 충격, 열선, 광선 등도 발화의 에너지원이 될 수 있다.

Key Point

☑ 중요 **자연발화의 형태** 교재 1권 P.174

자연발화형태	종 류
분해열	• **셀**룰로이드 • **니**트로셀룰로오스 **공하성 기억법** 분셀니
산화열	• 건성유(정어리유, 아마인유, 해바라기유) • 석탄 • 원면 • 고무분말
발효열	• **퇴**비 • **먼**지 • **곡**물 **공하성 기억법** 발퇴먼곡
흡착열	• **목**탄 • **활**성탄 **공하성 기억법** 흡목탄활

6 **연소형태의 종류** 교재 1권 PP.176-178

구 분	종 류
표면연소	• **숯** • **코**크스 • **목**재의 말기연소 • **금**속(마그네슘 등) **공하성 기억법** 표숯코목금
분해연소	• 석탄 • **종**이 • **목**재 **공하성 기억법** 분종목재
증발연소	• 황 • 고체파라핀(양초) • 열가소성 수지(열에 의해 녹는 플라스틱)
자기연소	• 자기반응성 물질(제5류 위험물) • 폭발성 물질

* 표면연소 vs 분해연소

교재 1권 PP.176-178

표면연소	분해연소
목재의 말기연소	목재

☑ 중요 **연소형태의 정의**

구 분	설 명
표면연소	화염 없이 연소하는 형태
분해연소	가연성 고체가 열분해하면서 가연성 증기가 발생하여 연소하는 현상
증발연소	고체가 열에 의해 융해되면서 액체가 되고 이 액체의 증발에 의해 가연성 증기가 발생하는 경우의 연소
자기연소	분자 내에 산소를 함유하고 있어서 열분해에 의해 가연성 증기와 산소를 동시에 발생시키는 물질의 연소

02 연소용어

1 인화점 　교재 1권 P.178

(1) 인화가 가능한 가연성물질의 최저온도

(2) 외부로부터 에너지를 받아서 착화가 가능한 가연성물질의 최저온도

(3) 인화점이 낮을수록 위험하므로 물질의 위험성을 평가하는 척도로 쓰이며, 「위험물안전관리법」에서 석유류를 분류하는 기준으로도 쓰인다.

(4) 액체의 경우 액면에서 증발된 증기의 농도가 그 증기의 연소하한계에 달할 때의 액체온도가 '**인화점**'이다.

* **위험성평가 척도**
　교재 1권 P.178
인화점

2 발화점 교재 1권 P.179

(1) 외부로부터의 직접적인 에너지 공급 없이(점화원 없이) 물질 자체의 **열축적**에 의하여 착화되는 **최저온도**
(2) **점화원**이 **없는 상태**에서 가연성물질을 공기 또는 산소 중에서 가열함으로써 발화되는 **최저온도**
(3) 발화점＝착화점＝착화온도
(4) 발화점이 **낮을수록 위험**하다.
(5) 발화점은 보통 **인화점**보다 수백도가 **높은 온도**이다.

3 연소점 교재 1권 P.179

(1) 인화점보다 5~10℃ 높으며, 연소상태가 5초 이상 유지되는 온도
(2) 점화에너지에 의해 화염이 발생하기 시작하는 온도
(3) 발생한 화염이 꺼지지 않고 지속되는 온도
(4) 연소를 지속시킬 수 있는 최저온도
(5) 연소상태가 계속(유지)될 수 있는 온도

공하성 기억법 연510유

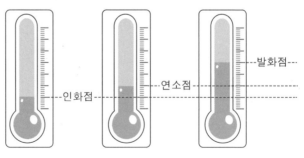

┃ 인화점 · 연소점 · 발화점 ┃

용어 **연소와 관계되는 용어** 교재1권 PP.178-179

발화점	인화점	연소점
● 외부의 직접적인 점화원 없이 가열된 열의 축적에 의하여 발화에 이르는 **최저**의 **온도**	● 점화원에 의해 인화되는 최저온도	● 인화점보다 **5~10℃** 높으며, 연소상태가 **5초** 이상 **지**속할 수 있는 온도 ● 연소를 지속시킬 수 있는 최저온도 ● 연소상태가 **계**속될 수 있는 온도 공하성 기억법 **연105초지계**

4 가연성 증기의 연소범위 교재 1권 P.176

(1) **가연성 증기**와 **공기**와의 혼합상태, 즉 **가연성 혼합기**가 연소(폭발)할 수 있는 범위
(2) 연소농도의 **최저 한도**를 **하한**, **최고 한도**를 **상한**이라 한다.
(3) 혼합물 중 가연성 가스의 농도가 너무 희박해도, 너무 농후해도 연소는 일어나지 않는다.
(4) **온도**와 **압력**이 **상승**함에 따라 대개 확대되어 **위험성**이 **증가**한다.

가 스	하한계(vol%)	상한계(vol%)
아세틸렌	2.5	81
수 소	4.1	75
메틸알코올	6	36
아세톤	2.5	12.8
암모니아	15	28
휘발유	1.2	7.6
등 유	0.7	5
중 유	1	5

Key Point

* 공기 중 산소농도
교재 1권 P.173
21%

* 점화원의 종류
교재 1권 PP.173-174
① 전기불꽃
② 충격 및 마찰
③ 단열압축
④ 불꽃
⑤ 고온표면
⑥ 정전기불꽃
⑦ 자연발화
⑧ 복사열

* 연소범위 교재 1권 P.176
연소범위가 넓을수록 위험

하한 ㉠ 상한 | ㉡ 상한
'㉠ 상한'보다 '㉡ 상한'이 연소(폭발)범위가 넓어 위험성이 증가할 수 있다.

아	2581
수	475
메	636
아	25128
암	1528
휘	1276
등	075
중	15

비교

LPG(액화석유가스)의 폭발범위 교재1권 P.204

부 탄	프로판
1.8~8.4%	2.1~9.5%

2.5% 미만
연소가 일어나지 않는다.

2.5~81%
연소가 일어난다.

81% 초과
연소가 일어나지 않는다.

∥ 아세틸렌의 연소범위 ∥

* 아세틸렌 교재1권 P.176
연소범위가 가장 넓음

제2장

화재이론

01 화재의 종류 교재 1권 PP.180-182

1 화재의 분류

종 류	적응물질	소화약제
일반화재 (A급)	• 보통가연물(폴리에틸렌 등) • 종이 • 목재, 면화류, 석탄 • **재를 남김**	① 물 ② 수용액
유류화재 (B급)	• 유류 • 알코올 • **재를 남기지 않음**	① 포(폼)
전기화재 (C급)	• 변압기 • 배전반	① 이산화탄소 ② 분말소화약제 ③ 주수소화 금지
금속화재 (D급)	• 가연성 금속류(나트륨 등)	① 금속화재용 분말소화약제 ② 건조사(마른 모래)
주방화재 (K급)	• 식용유 • 동·식물성 유지	① 강화액

＊ 일반화재
교재 1권 PP.180-181
물로 소화가 가능함

2 실내화재의 현상 교재 1권 PP.183-184

용 어	설 명
플래시오버 (flashover)	실내가 **일순간**에 **폭발적**으로 전체가 **화염**에 휩싸이는 현상
백드래프트 (backdraft)	문을 **개방**할 때 신선한 **공기**가 **유입**되어 단시간에 폭발적으로 연소하는 현상
롤오버 (rollover)	**화염**이 연소되지 않은 **가연성 가스**를 통해 전파되는 현상

02 열전달의 종류 교재 1권 PP.185-186

종 류	설 명
전도 (Conduction)	● 하나의 물체가 다른 물체와 **직접 접촉**하여 전달되는 것 예 가늘고 긴 **금속막대**의 한쪽 끝을 불꽃으로 가열하면 불꽃이 닿지 않은 다른 부분에도 열이 전달되어 뜨거워지는 것
대류 (Convection)	● **유체**의 흐름에 의하여 열이 전달되는 것 예 ① **난로**에 의해 방 안의 공기가 더워지는 것 ② 위쪽에 있는 냉각부분의 **찬 공기**가 아래로 흘러들어 전체를 차게 하는 것
복사 (Radiation)	● 화재시 열의 이동에 가장 크게 작용하는 열이동방식 ● 화염의 **접촉 없이** 연소가 확산되는 현상 ● 화재현장에서 **인접건물**을 **연소**시키는 주된 원인 예 **양지**바른 곳에서 따뜻한 것을 느끼는 것

03 연소생성물

┃연기의 이동속도┃ 교재 1권 P.187

구 분	이동속도
수평방향	0.5~1.0m/sec
계단실 등 수직방향	① 화재초기 : 2~3m/sec ② 농연 : 3~5m/sec

공하성 기억법 계35

04 건물화재성상

1 성장기 vs 최성기 교재 1권 P.183

성장기	최성기
• 실내 전체에 화염이 확산되는 최성기의 전초단계	• 연기의 양은 적어지고 화염의 분출이 강해지며 **유리파손** • **구조물 낙하** • 연소가 최고조에 달하는 단계

Key Point

＊ 화재성상단계
교재 1권 P.183
초기 → 성장기 → 최성기
→ 감쇠기

Key Point

* 내화조 온도특성

교재 1권 P.182

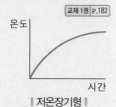

▌ 저온장기형 ▌

* 목조 온도특성

교재 1권 P.182

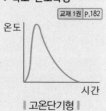

▌ 고온단기형 ▌

2 실내화재의 진행과 온도변화 교재 1권 P.182

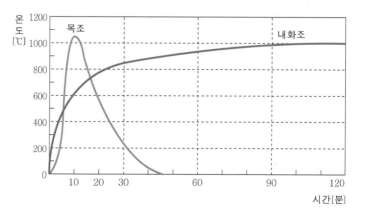

제3장 소화이론

01 소화방법 [교재 1권 | PP.189-190]

제거소화	질식소화	냉각소화	억제소화
가연물 제거	산소공급원 차단 (산소농도 **15%** 이하)	**열**을 **뺏**음 (**착화온도** 낮춤)	연쇄반응 약화

＊ 제거소화 [교재 1권 | P.189]
연소반응에 관계된 가연물이나 그 주위의 **가연물**을 **제거**함으로써 연소반응을 중지시켜 소화하는 방법

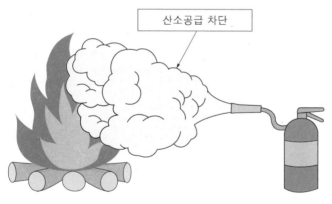

산소공급 차단

‖ 질식소화 ‖

Key Point

02 소화방법의 예 교재 1권 PP.189-190

제거소화	질식소화	냉각소화	억제소화
• 가스밸브의 **폐쇄** • 가연물 직접 **제거** 및 **파괴** • **촛불**을 입으로 불어 가연성 증기를 순간적으로 날려 보내는 방법 • 산불화재시 진행방향의 나무 **제거**	• 불연성 기체로 연소물을 덮는 방법 • 불연성 포로 연소물을 덮는 방법 • 불연성 고체로 연소물을 덮는 방법	• 주수에 의한 냉각작용 • 이산화탄소 소화약제에 의한 냉각작용	• 화학적 작용에 의한 소화방법

제**5**편

위험물 · 전기 · 가스 안전관리

당신의 변화를 위한 10가지 조언

1. 남과 경쟁하지 말고 자기 자신과 경쟁하라.
2. 자기 자신을 깔보지 말고 격려하라.
3. 당신에게는 장점과 단점이 있음을 알라(단점은 인정하고 고쳐 나가라).
4. 과거의 잘못은 관대히 용서하라.
5. 자신의 외모, 가정, 성격 등을 포용하도록 노력하라.
6. 자신을 끊임없이 개선시켜라.
7. 당신은 지금 매우 중대한 어떤 계획에 참여하고 있다고 생각하라(그 책임의식은 당신을 변화시킨다).
8. 당신은 꼭 성공한다고 믿으라.
9. 끊임없이 정직하라.
10. 주위에 내 도움이 필요한 이들을 돕도록 하라(자신이 중요성을 다시 느끼게 할 것이다).

- 김형모의 「마음의 고통을 돕기 위한 10가지 충고」 중에서 -

제 1 장

위험물안전관리

01 위험물류별 특성 교재 1권 PP.197-198

교재 1권 PP.197-198

＊ 제1류 위험물
교재 1권 P.197

산화성 고체

＊ 제2류 위험물
교재 1권 P.197

가연성 고체

유별	성질	설명
제1류	**산**화성 **고**체 공화성 기억법 1산고(일산고)	① 강산화제로서 다량의 산소 함유 ② 가열, 충격, 마찰 등에 의해 분해, 산소 방출
제2류	**가**연성 **고**체 공화성 기억법 2가고(이가 고장)	① 저온착화하기 쉬운 가연성 물질 ② 연소시 유독가스 발생
제3류	자연**발**화성 물질 및 금수성 물질 공화성 기억법 3발(세발낙지)	① 물과 반응하거나 자연발화에 의해 발열 또는 가연성 가스 발생 ② 용기 파손 또는 누출에 주의
제4류	인화성 액체	① **인화**가 용이 ② 대부분 **물보다 가볍고**, 증기는 **공기보다 무거움** ③ **주수소화가 불가능**한 것이 대부분임 ④ 대부분 물에 녹지 않음 ⑤ 증기는 공기와 혼합되어 연소·폭발

유 별	성 질	설 명
제5류	자기반응성 물질	① 가연성으로 **산소**를 함유하여 **자기연소** ② **가열**, **충격**, **마찰** 등에 의해 착화, 폭발 ③ **연소속도**가 **매우 빨라서** 소화 곤란 ④ 자기반응성 물질 ⑤ 니트로글리세린(NG), 셀룰로이드, 트리니트로톨루엔(TNT) 공화성 기억법 **5산(오산지역)**
제6류	**산**화성 **액**체 공화성 기억법 **산액**	① 조연성 액체 ② 산화제

＊ 제5류 위험물
자기반응성 물질

제 **2** 장

전기안전관리

＊ 승압 · 고압전류
전기화재의 주요 원인이라
고 볼 수 없다.

종합성 기억법
전승고

01 전기화재의 주요 화재원인

교재 1권 PP.200-202

(1) 전선의 **단락**(합선)에 의한 발화
(2) **과전류**(과부하)에 의한 발화
(3) **누전**에 의한 발화

02 전기화재 예방요령 교재 1권 P.202

(1) 사용하지 않는 기구는 전원을 끄고 플러그를 뽑아
   둔다.
(2) **과전류 차단장치**를 설치한다.
(3) 규격 퓨즈를 사용하고 끊어질 경우 그 원인을 조치
   한다.
(4) 비닐장판이나 **양탄자 밑**으로는 전선이 지나지 **않도**
   록 한다.
(5) 누전차단기를 설치하고 **월 1~2회** 동작 여부를 확인
   한다.
(6) 전선이 쇠붙이나 움직이는 물체와 접촉되지 않도록
   한다.
(7) 전선은 묶거나 꼬이지 않도록 한다.

＊ 누전차단기
교재 1권 P.202
월 1~2회 동작 여부를 확인

가스안전관리

‖ LPG vs LNG ‖ 교재 1권 P.204, P.206

종 류 구 분	액화석유가스 (LPG)	액화천연가스 (LNG)
주성분	• 프로판(C_3H_8) • 부탄(C_4H_{10}) 공화성 기억법 P프부	• 메탄(CH_4) 공화성 기억법 N메
비 중	• 1.5~2(누출시 낮은 곳 체류)	• 0.6(누출시 천장 쪽 체류)
폭발범위 (연소범위)	• 프로판 : 2.1~9.5% • 부탄 : 1.8~8.4%	• 5~15%
용 도	• 가정용 • 공업용 • 자동차연료용	• 도시가스
증기비중	• 1보다 큰 가스	• 1보다 작은 가스
탐지기의 위치	• 탐지기의 **상단**은 바닥면의 **상방 30cm** 이내에 설치 탐지기→ ○○ 30cm 이내 바닥 ‖ LPG 탐지기 위치 ‖	• 탐지기의 **하단**은 천장면의 **하방 30cm** 이내에 설치 천장 탐지기→ ○○ 30cm 이내 ‖ LNG 탐지기 위치 ‖
가스누설 경보기	• 연소기 또는 관통부로부터 수평거리 **4m** 이내에 설치	• 연소기로부터 수평거리 **8m** 이내에 설치

＊ LPG 비중 교재 1권 P.204
1.5~2

제 **6** 편

공사장 안전관리 계획 및 화기취급 감독 등

이제 고지가 얼마 남지 않았다.

제 1 장 공사장 안전관리 계획 및 감독

01 임시소방시설의 종류 교재 1권 P.211

종 류	설 명
소화기	–
간이소화장치	물을 방사하여 **화재**를 **진화**할 수 있는 장치
비상경보장치	화재가 발생한 경우 주변에 있는 작업자에게 **화재사실**을 알릴 수 있는 장치
간이피난유도선	화재가 발생한 경우 **피난구 방향**을 안내할 수 있는 장치
가스누설경보기	**가연성 가스**가 누설 또는 발생된 경우 **탐지**하여 **경보**하는 장치
비상조명등	**화재발생시** 안전하고 원활한 피난활동을 할 수 있도록 **거실** 및 **피난통로** 등에 설치하여 **자동점등**되는 조명장치
방화포	**용접용단** 등 **작업**시 발생하는 금속성 불티로부터 가연물이 점화되는 것을 방지해주는 **천** 또는 **불연성 물품**

* 임시소방시설 vs 소방
시설

임시소방시설	소방시설
간이피난유도선	피난유도선

02 임시소방시설의 유지·관리 주요 내용

교재 1권 PP.211-212

(1) **피난시설** 및 **방화시설**의 관리
(2) **소방시설**이나 그 밖의 소방 관련 시설의 관리
(3) **화기취급**의 **감독**
(4) 그 밖의 소방안전관리상 필요한 업무

★ 인화성 vs 가연성

인화성	가연성
불꽃을 갖다 대었을 때 불이 붙는 성질	불에 타는 성질

03 공사장 소방안전과 관련된 구체적인 작업 사항

교재 1권 P.212

(1) **인화성·가연성·폭발성 물질**을 취급하거나 가연성 가스를 발생시키는 작업

(2) **용접·용단**(금속·유리·플라스틱 따위를 녹여서 절단하는 일) 등 불꽃을 발생시키거나 화기를 취급하는 작업

(3) **전열기구, 가열전선** 등 열을 발생시키는 기구를 취급하는 작업

(4) **알루미늄, 마그네슘** 등을 취급하여 폭발성 부유분진(공기 중에 떠다니는 미세한 입자)을 발생시킬 수 있는 작업

(5) 그 밖에 이와 비슷한 작업으로 **소방청장**이 정하여 고시하는 작업

04 공사장 공종별 화재위험

교재 1권 P.216

구 분	화재위험 요소
가설공사	• **부지확보** 및 **정리단계** 현장관리 미흡 • **착공초기** 전기사용간 화재위험(발전기, 기존배선 임의사용 등) • **가연성폐기물** 적치/관리 미흡 • 공사 중 **수전설비** 설치/관리 • 현장 내 **폐목 소각/난로관리** 미흡

구 분	화재위험 요소
굴착 및 발파공사	• 발파시 폭약 발화위험 • **폭약** 및 **위험물** 관리 미흡 • 굴착 및 발파공사 • **장비통행**으로 인한 **전선관리** 미흡
강구조물 공사	• 용접/절단 작업시 **불티** 발생 • 목재 등 **가연성자재** 관리 미흡
마감공사	• **우레탄폼** 등 **단열재** 설치 공정간 폭발, 화재 위험 증가 • 대량의 가연성 자재(도배지/가구/접착제 등) 반입/사용 • 지상 **타공종** 진행 및 **조경공** 진행으로 인한 지하공간 자재 적치 • 대량의 **분진**발생 • **소방시설** 및 **방재시스템** 미비
전기 및 기계공사	• **용접/그라인더/절단**작업 불티발생 • **임시발전기** 사용/전선관리 미흡 • 엘리베이터 설치 전 **샤프트** 관리미흡 • **다공종 동시작업** 진행 • 소방시설 조기설치 불가 • 작업자 출입/**피난로** 확보 난이
기타공사 (해체공사)	• 철거작업간 **비내화성 가림막** 설치 • 발파시 폭약 발화위험 • 폭약 및 위험물관리 미흡

✱ 비내화성 교재 1권 P.212
불에 잘 타는 성질

103

05 안전관리계획 교재 1권 P.217

안전관리계획의 수립절차	안전관리계획 작성 내용
① 안전관리계획 수립 대상 여부 확인 ② **건설업자** 또는 **주택건설 등록업자**는 안전관리계획을 작성하여 공사감독자 또는 감리원의 확인을 받아 **공사착공 전 발주자**에게 제출(안전관리계획 변경시에도 동일함) ③ 안전관리계획을 제출받은 **발주자**는 해당 건설공사의 관할 **행정기관**에 제출 ④ 안전관리계획을 제출받은 **행정기관**은 내용을 검토, 필요시 **보완요청**	화재안전과 관련하여 공종별 안전조치, 공사장 주변 안전 등에 포함하여 함께 제시해야 한다. ① 건설공사 개요 및 안전관리조직 ② **공종별** 안전**점검**계획 ③ 공사장 주변의 안전관리 대책 ④ **통행안전시설** 설치 및 **교통소음**에 관한 계획 ⑤ 안전관리비 집행계획 ⑥ 안전교육 및 비상시 긴급조치계획 ⑦ **공종별** 안전**관리**계획

06 화기작업의 최소화 방법 교재 1권 P.218

＊ 비화기 교재 1권 P.218
① 수동수압 절단
② 기계적 볼팅, 이음쇠 사용
③ 나사, 플랜지 이음
④ 왕복톱
⑤ 기계적 파이프 절단기

화 기	비화기
톱, 토치를 이용한 절단작업 ➡	**수**동수압 절단
용접 ➡	**기**계적 볼팅, 이음쇠 사용
납땜 ➡	**나**사, 플랜지 이음
방사톱 ➡	**왕**복톱
토치 및 방사톱 절단 ➡	기계적 파이프 절단기

공하성 기억법 수기 나왕비

07 화기작업 금지구역 [교재 1권 P.219]

(1) 가연성액체, 인화성가스, 가연성덕트 또는 가연성금속 등을 보관하거나 사용하는 구역

(2) 가연성이 높은 재료(**발포플라스틱 단열재, 샌드위치 패널** 등)로 마감된 칸막이, 벽, 천장 또는 지붕 및 코어부

(3) 고무라이닝 장비

(4) **산소농도**가 **높은** 환경

(5) **산화제** 물질의 보관 및 취급 장소

(6) 폭발물 및 위험물 보관 및 취급장소

08 고위험장소 작업시 대책 [교재 1권 P.219]

(1) 분진 및 유증기, 가스 등 위험요인을 충분히 제거하고 작업하되, 해당 물질의 축적이 심하고 제거가 곤란한 경우에는 화기작업은 불가

(2) 화기작업시 떨어진 가연성물질까지 스파크를 전달할 수 있는 덕트 및 컨베이어 등의 작동은 중단

(3) 가급적 **가동중단시간**에 **화기작업 계획**을 세워 실시할 것

(4) **수조** 및 **보일러**에서의 화기작업은 인정된 자격을 갖춘 도급업자만 작업 가능

(5) **화재감시자** 배치를 통해, 작업시자 전부터 작업 중, 작업완료 이후까지 지속적인 화재감시상태를 유지할 것

＊ 고위험장소 작업 대책
[교재 1권 P.219]
가동중단시간에 화기작업 계획 세울 것

105

09 밀폐공간의 화기작업시 조치사항

교재 1권 P.219

(1) 밀폐된 작업공간 내에 가연성, 폭발성 기체나 유독가스 존재여부 및 산소결핍 여부를 작업 전에 반드시 확인하고, **작업 중**에도 지속적으로 공기 중 **산소농도를 체크**

(2) 밀폐공간과 연결되는 모든 파이프, 덕트, 전선 등은 작업에 지장을 주지 않는 한 연결을 끊거나 막아서 작업장 내로의 유입을 차단

(3) 작업 중 지속적인 **환기**가 가능토록 조치

(4) 용접에 필요한 가스실린더, 전기동력원 등은 밀폐공간 외부 안전한 곳에 배치

(5) 감시인은 **작업자**가 **내부**에 있을 때에는 **항상 정위치**하며, **보호구**를 포함하여 적정한 **개인보호장구**를 갖출 것

10 발화원 관리사항

교재 1권 P.220

(1) 흡연구역지정 등 근로자 **흡연관리** 철저

(2) LPG 및 압력용기, **유기용제**, 유류 등 화재·폭발 위험물 관리 철저

(3) 용접, 용단작업시 발생하는 불꽃관리 및 인화물·가연물 방호관리 철저

(4) **화기 사용계획서** 및 **작업 현황판** 활용 관리

(5) 야적물 보양은 **불연성 재료**를 활용하고 태그 부착 관리

* LPG 교재 1권 P.220
'액화석유가스'를 말한다.

106

(6) **화기 작업**시 **사전 허가제** 실시

(7) **소화기**를 **지참**한 화재감시인 배치(**작업 종료 후** 최소 **30분** 이상)

(8) 화기작업 허가서 발급시 소방안전관리자, 안전/화재 감시단 등에 통보하여 밀착관리

(9) **야간 및 정전시 대비 피난로 표시** : 야간 및 정전시 피난로를 쉽게 확인할 수 있도록 축광물질 등을 활용하여 대피로 표시

(10) **방송시설 설치** : 현장 내 방송시설을 설치하여 비상시 방송의 지시에 따라 신속한 배치가 가능토록 조치

Key Point

✽ 발화원 관리(화재감시인)
작업 종료 후 최소 30분 이상

제 2 장

화재취급 감독 및 화재위험작업 허가·관리

01 관계인 및 소방안전관리자의 업무

교재 1권 P.221

특정소방대상물 (관계인)	소방안전관리대상물 (소방안전관리자)
① 피난시설·방화구획 및 방화시설의 관리	① 피난시설·방화구획 및 방화시설의 관리
② 소방시설, 그 밖의 소방 관련시설의 관리	② 소방시설, 그 밖의 소방 관련시설의 관리
③ **화기취급**의 감독	③ **화기취급**의 감독
④ 소방안전관리에 필요한 업무	④ 소방안전관리에 필요한 업무
⑤ 화재발생시 초기대응	⑤ 화재발생시 초기대응
	⑥ **소방계획서**의 작성 및 시행(대통령령으로 정하는 사항 포함)
	⑦ **자위소방대** 및 **초기대응체계**의 구성·운영·교육
	⑧ 소방**훈련** 및 **교육**
	⑨ 소방안전관리에 관한 업무수행에 관한 기록·유지

* **소방안전관리자만의 업무**

교재 1권 P.221

① 소방계획서의 작성 및 시행(대통령령으로 정하는 사항 포함)
② 자위소방대 및 초기대응체계의 구성·운영·교육
③ 소방훈련 및 교육
④ 소방안전관리에 관한 업무수행에 관한 기록·유지

02 가연성물질이 있는 장소에서 화재위험작업시 준수사항 교재 1권 P.223

(1) 작업 준비 및 작업 절차 수립

(2) **작업장 내** 위험물의 사용 보관 현황 파악

(3) 화기작업에 따른 인근 가연성물질에 대한 방호조치 및 **소화기구** 비치

(4) 용접불티 **비산방지덮개**, **용접방화포** 등 불꽃, 불티 등 비산방지 조치

(5) 인화성액체의 증기 및 인화성 가스가 남아있지 않도록 환기 등의 조치

(6) 작업근로자에 대한 **화재예방** 및 **피난교육** 등 비상 조치

＊ 용접불티 비산방지조치
① 비산방지덮개
② 용접방화포

03 용접·용단 작업시 화재감시자 지정장소

교재 1권 P.224

(1) 작업반경 **11m 이내**에 건물구조 자체나 내부(개구부 등으로 **개방**된 부분을 포함)에 가연성물질이 있는 장소

(2) 작업반경 **11m 이내**의 바닥 하부에 가연성물질이 **11m 이상** 떨어져 있지만 불꽃에 의해 쉽게 발화될 우려가 있는 장소

(3) 가연성물질이 금속으로 된 칸막이·벽·천장 또는 지붕의 반대쪽 면에 인접해 있어 열전도나 열복사에 의해 발화될 우려가 있는 장소

＊ 용접·용단 작업시 작업반경
11m 이내

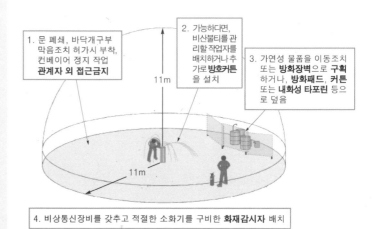

1. 문 폐쇄, 바닥개구부 막음조치 허가시 부착, 컨베이어 정지 작업
관계자 외 접근금지

2. 가능하다면, 비산불티를 관리할 작업자를 배치하거나 추가로 **방호커튼**을 설치

3. 가연성 물품을 이동조치 또는 **방화장벽**으로 **구획**하거나, **방화패드**, **커튼** 또는 **내화성 타포린** 등으로 덮음

11m

11m

4. 비상통신장비를 갖추고 적절한 소화기를 구비한 **화재감시자** 배치

▌화재감시자 배치 ▌

04 용접방법에 따른 분류   교재 1권 PP.226-227

분류		설 명
아크용접	정의	고열에 의해 금속을 용융시켜 용착하는 용접
	특성	① **청백색**의 빛과 열 ② 최고온도 : 약 **6000℃**(일반적으로 3500~5000℃)
가스용접 (용단)	정의	**가연성가스**와 **산소**의 반응에 의한 용접법
	특성	① 팁 끝쪽 : **휘백색**의 백심 ② 백심 주의 : 푸른 속불꽃 ③ 속불꽃 끝쪽 : 투명한 청색

＊ 가연성가스
교재 1권 P.227
① 아세틸렌(C₂H₂)
② 프로판(C₃H₈)
③ 부탄(C₄H₁₀)
④ 수소(H₂)

05 용접(용단) 작업시 비산불티의 특징

교재 1권 P.228

(1) 용접(용단) 작업시 **수천개**의 비산된 불티 발생

(2) 비산불티는 풍향, 풍속 등에 의해 비산거리 상이

(3) 비산불티는 약 **1600℃** 이상의 고온체

(4) 발화원이 될 수 있는 비산불티의 크기의 직경은 약 **0.3~3mm**

(5) 비산불티는 짧게는 작업과 동시에부터 **수 분** 사이, 길게는 **수 시간** 이후에도 화재가능성이 있음

(6) 용접(용단) 작업시 **작업높이, 철판두께, 풍속** 등에 따른 불티의 비산거리는 조건 및 환경에 따라 상이

＊ 스패터(spatter) 현상
교재 1권 P.227
용접 작업시에 작은 입자의 용적들이 비산되는 현상

111

06 용접·용단 작업자의 주요 재해발생원인 및 대책

교재 1권 P.229

＊ 불꽃비산대책

교재 1권 P.229

① 불꽃받이나 방염시트 사용
② 불꽃비산구역 내 가연물을 제거하고 정리·정돈
③ 소화기 비치

구 분	주요발생원인	대 책
화재	불꽃비산	• **불꽃받이**나 **방염시트** 사용 • 불꽃비산구역 내 가연물을 제거하고 정리·정돈 • **소화기** 비치
	열을 받은 용접부분의 뒷면에 있는 가연물	• 용접부 뒷면을 점검 • 작업종료 후 점검
폭발	토치나 호스에서 가스누설	• 가스누설이 없는 토치나 호스 사용 • 좁은 구역에서 작업할 때는 휴게시간에 토치를 **공기**의 **유통**이 좋은 장소에 둘 것 • 호스접속시 실수가 없도록 **호스**에 **명찰**을 부착
	드럼통이나 수조를 용접, 절단시 잔류 가연성 가스 증기의 폭발	• 내부에 가스나 증기가 없는 것 확인
	역화	• 정비된 토치와 호스 사용 • **역화방지기** 설치
화상	토치나 호스에서 산소누설	• 산소누설이 없는 호스 사용
	산소를 공기대신으로 환기나 압력 시험용으로 사용	• 산소의 위험성 교육 실시 • **소화기** 비치

Key Point

07 화기취급작업의 일반적인 절차

교재 1권 P.230

처리절차	임무내용
사전허가 ① 작업허가	• 작업요청 • 승인검토 및 허가서 발급
안전조치 ① 화재예방조치 ② 안전교육	• 가연물 이동 및 보호조치 • 소방시설 작동 확인 • 용접·용단장비·보호구 점검 • 화재안전교육 • 비상시 행동요령 교육
작업·감독 ① 화재감시자 입회 및 감독 ② 최종 작업 확인	• 화재감시자 입회 • 화기취급감독 • 현장상주 및 화재감시 • 작업 종료 확인

* 화기취급작업의 안전
  조치 업무내용

교재 1권 P.230

① 가연물 이동 및 보호조치
② 소방시설 작동 확인
③ 용접·용단장비·보호구
  점검
④ 화재안전교육
⑤ 비상시 행동요령 교육

종합방재실의 운영

브레슬로 박사가 제안한 7가지 건강습관

1. 하루 7~8시간 충분한 수면

2. 금연

3. 적정한 체중 유지

4. 과음을 삼간다.

5. 주 3회 이상 운동

6. 아침 식사를 거르지 않는다.

7. 간식을 먹지 않는다.

종합방재실의 운영

01 종합방재실의 구축효과 [교재 1권 P.240]

(1) 화재피해 최소화
(2) 화재시 신속한 대응
(3) 시스템 안전성 향상
(4) 유지관리 비용 절감

02 종합방재실 [교재 1권 PP.244~245, P.249]

종합방재실의 개수	종합방재실의 위치	정기유지보수
1개	1층 또는 피난층	월 1회 이상

* 종합방재실의 개수
[교재 1권 PP.244~245]
1개

03 종합방재실의 위치 [교재 1권 P.245]

(1) **1층** 또는 **피난층**
(2) 초고층 건축물 등에 특별피난계단이 설치되어 있고, 특별피난계단 출입구로부터 **5m** 이내에 종합방재실을 설치하려는 경우에는 **2층** 또는 **지하 1층**에 설치할 수 있다.

* 종합방재실의 위치
[교재 1권 P.245]
1층 또는 피난층

(3) 공동주택의 경우에는 **관리사무소 내**에 설치할 수 있다.

(4) **비상용 승강장, 피난 전용 승강장** 및 **특별피난계단**으로 이동하기 쉬운 곳

(5) 재난정보 수집 및 제공, 방재활동의 거점 역할을 할 수 있는 곳

(6) **소방대**가 쉽게 도달할 수 있는 곳

(7) **화재** 및 **침수** 등으로 인하여 피해를 입을 우려가 적은 곳

＊ 종합방재실
① 면적 : 20m² 이상
② 인력 : 3명 이상 상주

04 종합방재실의 구조 및 면적

교재 1권 P.246, P.248

(1) 다른 부분과 방화구획으로 설치할 것[단, 다른 제어실 등의 감시를 위하여 두께 **7mm** 이상의 망입유리(두께 **16.3mm** 이상의 접합유리 또는 두께 **28mm** 이상의 복층유리 포함)로 된 **4m²** 미만의 붙박이창 설치 가능]

(2) 인력의 대기 및 휴식 등을 위하여 종합방재실과 방화구획된 부속실을 설치할 것

(3) 면적은 **20m²** 이상으로 할 것

(4) 재난 및 안전관리, 방범 및 보안, 테러 예방을 위하여 필요한 시설·장비의 설치와 근무인력의 재난 및 안전관리 활동, 재난 발생시 소방대원의 지휘활동에 지장이 없도록 설치할 것

(5) 출입문에는 **출입제한** 및 **통제장치**를 갖출 것

(6) 초고층 건축물 등의 관리주체의 인력을 **3명** 이상 상주하도록 할 것

제**8**편

응급처치
이론 및 실습

내가 못하면 아무도 못하는

그날까지 . . .

응급처치 이론 및 실습

01 응급처치의 중요성 | 교재 1권 | P.255 |

(1) 긴급한 환자의 생명 유지
(2) 환자의 고통 경감
(3) 위급한 부상부위의 응급처치로 치료기간 단축
(4) 현장처치의 원활화로 의료비 절감

02 응급처치요령(기도확보) | 교재 1권 | P.255 |

(1) 환자의 입 내에 이물질이 있을 경우 기침을 유도한다.
(2) 환자의 입 내에 눈에 보이는 이물질이라 하여 <u>함부로 제거하려 해서는 안 된다.</u>
　　　　　손을 넣어 제거한다. ✕
(3) 이물질이 제거된 후 머리를 <u>뒤로</u> 젖히고, 턱을 <u>위로</u>
　　　　　　　　　　　옆으로 ✕
　들어 올려 기도가 개방되도록 한다.
　아래로 내려 ✕
(4) 환자가 기침을 할 수 없는 경우 **하임리히법**을 실시한다.

Key Point

☑ 중요 **응급처치의 일반원칙**

(1) 구조자는 자신의 안전을 최우선시 한다.
(2) 응급처치시 사전에 보호자 또는 당사자의 이해와 동의
를 얻어 실시하는 것을 원칙으로 한다.
(3) 불확실한 처치는 하지 않는다.
(4) 119구급차를 이용시 전국 어느 곳에서나 이송거리, 환
자 수 등과 관계 없이 어떠한 경우에도 무료이나 사설
단체 또는 병원에서 운영하고 있는 앰뷸런스는 일정요
금을 징수한다.

03 출혈의 증상 교재 1권 P.258

* 출혈의 증상
반사작용이 둔해진다.

(1) 호흡과 맥박이 빠르고 **약하고 불규칙**하다.
　　　　　　　　느리고 ✕
(2) 반사작용이 둔해진다.
　　　　　　민감해진다 ✕
(3) 체온이 떨어지고 **호흡곤란**도 나타난다.
(4) 혈압이 점차 저하되며, 피부가 **창백**해진다.
(5) **구토**가 발생한다.
(6) **탈수현상**이 나타나며 갈증을 호소한다.

★ 출혈시의 응급처치방법
교재 1권 PP.258~259

① 직접압박법
② 지혈대 사용법

04 출혈시 응급처치 교재 1권 PP.258~259

지혈방법	설 명

직접 압박법	① 출혈 상처부위를 **직접 압박**하는 방법이다.
	② 출혈부위를 심장보다 높여준다.
	③ 소독거즈나 압박붕대로 출혈부위를 덮은
	    탄력붕대 ×
	후 4~6인치 탄력붕대로 출혈부위가 압
	    압박붕대 ×
	박되게 감아준다.

지혈대 사용법	① 절단과 같은 **심한 출혈**이 있을 때나 지혈 법으로도 출혈을 막지 못할 경우 최후의 수단으로 사용하는 방법 ② **5cm** 이상의 띠 사용 3cm ×

★ 화상의 분류
교재 1권 P.260

① 표피화상
② 부분층화상
③ 전층화상

05 화상의 분류 교재 1권 P.260

종 별	설 명
표피화상 (**1**도 화상)	• 표피 바깥층의 화상 • 약간의 부종과 **홍**반이 나타남 • 통증을 느끼나 흉터없이 치료됨 공하성 기억법 **표1홍**
부분층화상 (**2**도 화상)	• 피부의 두 번째 층까지 화상으로 손상 • **심한 통증**과 발적, 수포 발생 • **물집**이 터져 **진물**이 나고 **감염위험** • 표피가 얼룩얼룩하게 되고 **진피**의 **모세 혈관**이 손상 공하성 기억법 **부2진물**

종 별	설 명
전층화상 (3도 화상)	• 피부 **전층** 손상 • 피하지방과 근육층까지 손상 • 화상부위가 **건조**하며 통증이 없음 공략상 기억법 전3건

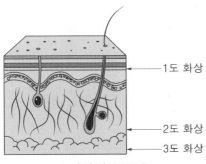

─── 1도 화상
─── 2도 화상
─── 3도 화상

‖ 화상의 분류 ‖

06 화상환자 이동 전 조치 ［교재 1권 | PP.260-261］

(1) 화상환자가 착용한 옷가지가 피부조직에 붙어 있을 때에는 옷을 잘라내지 말고 수건 등으로 닦거나 접촉되는 일이 없도록 한다.
　　　　　　잘라낸다. ×

(2) 통증 호소 또는 피부의 변화에 동요되어 **간장**, **된장**, **식용기름**을 바르는 일이 없도록 하여야 한다.

(3) **1·2도 화상**은 화상부위를 흐르는 물에 식혀준다.
이때 물의 온도는 <u>실온</u>, 수압은 약하게 하여 화상부위
　　　　　　　　　같은 온도 ×
보다 위에서 아래로 흘러내리도록 한다.(화기를 빼기 위해 실온의 물로 씻어냄)

* **화상환자 이동 전 조치 사항** ［교재 1권 | PP.260-261］
① 옷을 잘라내지 말고 수건 등으로 닦거나 접촉되는 일이 없도록 한다.
② 화상부분의 오염 우려 시는 소독거즈가 있을 경우 화상부위를 덮어주면 좋다.
③ 화상부위의 화기를 빼기 위해 실온의 물로 씻어낸다.
④ 물집이 생기면 상처가 남을 수 있으므로 터트리지 않는다.

121

(4) **3도 화상**은 물에 적신 천을 대어 열기가 심부로 전달되는 것을 막아주고 통증을 줄여준다.

(5) 화상부분의 오염 우려시는 소독거즈가 있을 경우 화상부위를 덮어주면 좋다. 그러나 골절환자일 경우 무리하게 압박하여 드레싱하는 것은 금한다.

(6) 화상환자가 부분층화상일 경우 **수포(물집)**상태의 감염 우려가 있으니 터트리지 말아야 한다.

07 심폐소생술 [교재 1권 P.262]

심폐소생술 실시	심폐소생술 기본순서
호흡과 심장이 멎고 **4~6분**이 경과하면 산소 부족으로 뇌가 손상되어 원상 회복되지 않으므로 호흡이 없으면 즉시 심폐소생술을 실시해야 한다.	**가슴압박 → 기도유지 → 인공호흡** 공하성 기억법 **가기인**

08 성인의 가슴압박 [교재 1권 PP.263-264]

(1) 환자의 **어깨**를 두드린다.

(2) 구조자의 체중을 이용하여 압박

(3) 인공호흡에 자신이 없으면 가슴압박만 시행

(4) 인공호흡을 시행하기 위한 가슴압박 중단은 <u>10초 이내</u>로 최소화한다.
10초 이상 ×

★ 심폐소생술
[교재 1권 PP.262-264]
호흡과 심장이 멎고 **4~6분**이 경과하면 산소부족으로 뇌가 손상되므로 즉시 **심폐소생술** 실시
① 가슴압박 **30회** 시행
② 인공호흡 **2회** 시행
③ 가슴압박과 인공호흡의 반복

구 분	설 명
속 도	분당 100~120회
깊 이	약 5cm

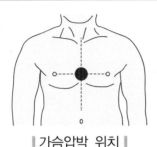

┃ 가슴압박 위치 ┃

09 심폐소생술의 진행과 자동심장충격기

1 심폐소생술의 진행 교재 1권 P.264

구 분	시행횟수
가슴압박	30회
인공호흡	2회

공하성 기억법 ▶ 인2(인위적)

2 자동심장충격기(AED) 사용방법 교재 1권 PP.265~267

(1) 자동심장충격기를 심폐소생술에 방해가 되지 않는 위
치에 놓은 뒤 전원버튼을 누른다.
(2) 환자의 상체를 노출시킨 다음 패드 포장을 열고 2개
의 패드를 환자의 가슴에 붙인다.

Key Point

＊ 심폐소생술
① 가슴압박 : 30회
② 인공호흡 : 2회

＊ CPR
'Cardio Pulmonary Resuscita-
tion'의 약자

＊ 가슴압박
① 속도 : 100~120회/분
② 깊이 : 약 5cm(소아 4~
5cm)

123

Key Point

＊패드의 부착위치

패드 1	패드 2
오른쪽 빗장뼈(쇄골) 바로 아래	왼쪽 젖꼭지 아래의 중간겨드랑선

(3) 패드는 **왼쪽 젖꼭지 아래의 중간겨드랑선**에 설치하고 **오른쪽 빗장뼈**(쇄골) 바로 **아래**에 붙인다.

‖ 패드의 부착위치 ‖

패드 1	패드 2
오른쪽 빗장뼈(쇄골) 바로 아래	왼쪽 젖꼭지 아래의 중간겨드랑선

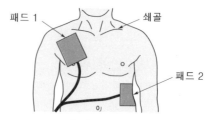

‖ 패드 위치 ‖

(4) 심장충격이 필요한 환자인 경우에만 제세동버튼이 깜박이기 시작하며, 깜박일 때 심장충격버튼을 눌러 심장충격을 시행한다.

(5) 심장충격버튼을 <u>누르기 전</u>에는 반드시 주변사람 및 구
누른 후에는 ✕
조자가 환자에게서 떨어져 있는지 다시 한 번 확인한 후에 실시하도록 한다.

(6) 심장충격이 필요 없거나 심장충격을 실시한 이후에는 즉시 **심폐소생술**을 다시 시작한다.

(7) **2분**마다 심장리듬을 분석한 후 반복 시행한다.

제2권

" 내가 못하면 아무도 못하는 그 날까지

- H.S. Kong - "

제 **1** 편

소방시설의 구조·점검 및 실습

성공을 위한 10가지 충고 I

1. 시간을 낭비하지 말라.

2. 포기하지 말라.

3. 열심히 하고 나태하지 말라.

4. 생활과 사고를 단순하게 하라.

5. 정진하라.

6. 무관심하지 말라.

7. 책임을 회피하지 말라.

8. 낭비하지 말라.

9. 조급하지 말라.

10. 연습을 쉬지 말라.

– 김형모의 「마음의 고통을 돕기 위한 10가지 충고」 중에서 –

제 1 장

소방시설의 종류

01 간이소화용구 교재 2권 P.9

(1) **에어로졸식** 소화용구
(2) **투척용** 소화용구
(3) 소공간용 소화용구 및 소화약제 외의 것(**팽창질석, 팽창진주암, 마른모래**)

※ 마른모래
예전에는 '건조사'라고 불리었다.

02 피난구조설비 교재 2권 P.10

※ 피난구조설비
교재 2권 P.10

① 비상조명등
② 유도등

(1) 피난기구
　　① **피**난사다리
　　② **구**조대
　　③ **완**강기
　　④ 간이완강기
　　⑤ 미끄럼대 ┐
　　⑥ 다수인 피난장비 ├ 그 밖에 화재안전기준으로 정하는 것
　　⑦ 승강식 피난기 ┘

공하성 **기억법** 피구완

128

Key Point

(2) 인명구조기구

    ① **방열**복

    ② **방화**복(안전모, 보호장갑, 안전화 포함)

    ③ **공**기호흡기

    ④ **인**공소생기

> 공하성 기억법 방화열공인

(3) 유도등 · 유도표지

(4) 비상조명등 · 휴대용 비상조명등

(5) 피난유도선

---

03 **소화활동설비** 교재 2권 | P.10

(1) **연**결송수관설비

(2) **연**결살수설비

(3) **연**소방지설비

(4) **무**선통신보조설비

(5) **제**연설비

(6) **비**상**콘**센트설비

> 공하성 기억법 3연무제비콘

＊ 인명구조기구
교재 2권 | P.10

  ① 방열복

  ② 방화복(안전모, 보호장갑, 안전화 포함)

  ③ 공기호흡기

  ④ 인공소생기

04 자동화재탐지설비의 설치대상

교재 2권 P.14

설치대상	조 건
① 정신의료기관·의료재활시설	● 창살설치 : 바닥면적 300m² 미만 ● 기타 : 바닥면적 300m² 이상
② 노유자시설	● 연면적 400m² 이상
③ 근린생활시설·위락시설 ④ 의료시설(정신의료기관 또는 요양병원 제외) ⑤ 복합건축물·장례시설	● 연면적 600m² 이상
⑥ 목욕장·문화 및 집회시설, 운동시설 ⑦ 종교시설 ⑧ 방송통신시설·관광휴게시설 ⑨ 업무시설·판매시설 ⑩ 항공기 및 자동차 관련시설·공장·창고시설 ⑪ 지하가(터널 제외)·운수시설·발전시설·위험물 저장 및 처리시설 ⑫ 교정 및 군사시설 중 국방·군사시설	● 연면적 1000m² 이상
⑬ 교육연구시설·동식물관련시설 ⑭ 자원순환관련시설·교정 및 군사시설(국방·군사시설 제외) ⑮ 수련시설(숙박시설이 있는 것 제외) ⑯ 묘지관련시설	● 연면적 2000m² 이상

설치대상	조 건
⑰ 지하가 중 터널	● 길이 **1000m** 이상
⑱ 지하구 ⑲ 노유자생활시설 ⑳ 공동주택 ㉑ 숙박시설 ㉒ 6층 이상인 건축물 ㉓ 조산원 및 산후조리원 ㉔ 전통시장 ㉕ 요양병원(정신병원과 의료재활 　 시설 제외)	● 전부
㉖ 특수가연물 저장·취급	● 지정수량 **500배** 이상
㉗ 수련시설(숙박시설이 있는 것)	● 수용인원 **100명** 이상
㉘ 발전시설	● 전기저장시설

 기억법 근위의복 6, 교동자교수 2

05 비상조명등의 설치대상 　교재 2권 P.15

설치대상	조 건
5층 이상(지하층 포함)	연면적 **3000m²** 이상
지하층·무창층	바닥면적 **450m²** 이상
터 널	길이 **500m** 이상

비교 **휴대용 비상조명등의 설치대상**

설치대상	조 건
숙박시설	전 부
수용인원 **100명** 이상의 영화상영관, 내규보 점보, 시하역사, 시하상가	전 부

Key Point

＊ 휴대용 비상조명등 설
치대상 　교재 2권 P.15
숙박시설

06 옥내소화전설비의 설치대상

교재 1권 P.11

설치대상	조 건
● 차고 · 주차장	200m² 이상
● 근린생활시설 ● 판매시설 ● 업무시설(금융업소 · 사무소) ● 숙박시설(여관 · 호텔)	연면적 1500m² 이상
● 문화 및 집회시설 ● 운동시설 ● 종교시설	연면적 3000m² 이상
● 특수가연물 저장 · 취급	지정수량 750배 이상
● 지하가 중 터널	1000m 이상

07 옥외소화전설비의 설치대상

교재 1권 P.13

설치대상	조 건
목조건축물	**국보 · 보물** 전부
지상 1 · 2층	바닥면적 합계 9000m² 이상
특수가연물 저장 · 취급	지정수량 750배 이상

* 특수가연물 지정수량

교재 2권 P.11, P.14

자동화재 탐지설비	● 건축허가 동의 ● 옥내 · 외 소화 전설비
지정수량 500배 이상	지정수량 750배 이상

Key Point

08 스프링클러설비의 설치대상

교재 2권 | PP.11-12

설치대상	조 건

① 문화 및 집회시설(동·식물원 제외)
② 종교시설(주요구조부가 목조인 것 제외)
③ 운동시설(물놀이형 시설, 바닥이 불연재료이고, 관람석 없는 운동시설 제외)
	• 수용인원 - **100명** 이상
	• 영화상영관 - 지하층·무창층 500m²(기타 1000m²)
	• 무대부
	  - 지하층·무창층·4층 이상 **300m²** 이상
	  - 1~3층 **500m²** 이상

④ 판매시설 ⑤ 운수시설 ⑥ 물류터미널	• 수용인원 **500명** 이상 • 바닥면적 합계 5000m² 이상
⑦ 조산원, 산후조리원 ⑧ 정신의료기관 ⑨ 종합병원, 병원, 치과병원, 한방병원 및 요양병원 ⑩ 노유자시설 ⑪ 수련시설(숙박 가능한 곳) ⑫ 숙박시설	• 바닥면적 합계 600m² 이상
⑬ 지하가(터널 제외)	• 연면적 1000m² 이상
⑭ 지하층·무창층(축사 제외) ⑮ **4층** 이상	• 바닥면적 1000m² 이상
⑯ **10m** 넘는 랙크식 창고	• 바닥면적 합계 1500m² 이상
⑰ 창고시설(물류터미널 제외)	• 바닥면적 합계 5000m² 이상
⑱ 기숙사 ⑲ 복합건축물	• 연면적 5000m² 이상
⑳ 6층 이상	모든 층

* **6층 이상** 교재 2권 | P.11, P.14
① 건축허가 동의
② 자동화재탐지설비
③ 스프링클러설비

＊ 지정수량

500배 이상	750배 이상	1000배 이상
자동화재 탐지설비	옥내·외 소화전 설비	스프링 클러설비

설치대상	조 건
㉑ 공장 또는 창고시설	● 특수가연물 저장·취급 − 지정수량 **1000배** 이상 ● 중·저준위 방사성 폐기물의 저장시설 중 소화수를 수집·처리하는 설비가 있는 저장시설
㉒ 지붕 또는 외벽이 불연재료가 아니거나 내화구조가 아닌 공장 또는 창고시설	● 물류터미널 　− 바닥면적 합계 **2500m²** 이상 　− 수용인원 **250명** 이상 ● 창고시설(물류터미널 제외) − 바닥면적 합계 **2500m²** 이상 ● 지하층·무창층·4층 이상 − 바닥면적 **500m²** 이상 ● 랙크식 창고 − 바닥면적 합계 **750m²** 이상 ● 특수가연물 저장·취급 − 지정수량 **500배** 미만
㉓ 교정 및 군사시설	● 보호감호소, 교도소, 구치소 및 그 지소, 보호관찰소, 갱생보호시설, 치료감호시설, 소년원 및 소년분류심사원의 수용거실 ● 보호시설(외국인보호소는 보호대상자의 생활공간으로 한정) ● 유치장
㉔ 발전시설	● 전기저장시설

09 수용인원의 산정방법 　교재 2권 P.17

특정소방대상물		산정방법
● 숙박시설	침대가 있는 경우	종사자수＋침대수
	침대가 없는 경우	종사자수＋$\dfrac{\text{바닥면적 합계}}{3m^2}$
● 강의실 ● 교무실 ● 상담실 ● 실습실 ● 휴게실		$\dfrac{\text{바닥면적 합계}}{1.9m^2}$
● 기타		$\dfrac{\text{바닥면적 합계}}{3m^2}$
● 강당 ● 문화 및 집회시설 ● 운동시설 ● 종교시설		$\dfrac{\text{바닥면적 합계}}{4.6m^2}$

● 소수점 이하는 **반**올림한다.

공하성 기억법　수반(**수반**! 동반!)

＊ 수용인원 산정
숙박시설(침대가 있는 경우)
＝종사자수＋침대수

제 2 장

소화설비

01 소화기구

1 소화능력 단위기준 및 보행거리

교재 2권 P.20, P.26

소화기 분류		능력단위	보행거리
소형소화기		1단위 이상	20m 이내
대형소화기	A급	10단위 이상	30m 이내
	B급	20단위 이상	

* 대형소화기

교재 2권 P.20

① A급 : 10단위 이상
② B급 : 20단위 이상

공하성 기억법 보3대, 대2B(데이빗!)

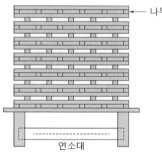

| A급 소화능력시험 |

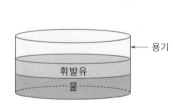

| B급 소화능력시험 |

2 분말소화기 vs 이산화탄소소화기 교재 2권 PP.21~22

(1) 분말소화기

① 소화약제 및 적응화재

적응화재	소화약제의 주성분	소화효과
BC급	탄산수소나트륨($NaHCO_3$)	• 질식효과 • 부촉매(억제)효과
	탄산수소칼륨($KHCO_3$)	
ABC급	제1인산암모늄($NH_4H_2PO_4$)	
BC급	탄산수소칼륨($KHCO_3$)+요소($NH_2)_2CO$	

② 구조

가압식 소화기	축압식 소화기
• 본체 용기 내부에 가압용 가스 용기가 **별도**로 설치되어 있으며, 현재는 <u>생산 중단</u>	• 본체 용기 내에는 규정량의 소화약제와 **함께** 압력원인 **질소 가스**가 충전되어 있음 • 용기 내 압력을 확인할 수 있도록 지시압력계가 부착되어 사용 가능한 범위가 **0.7~0.98MPa**로 **녹색**으로 되어 있음

가압식 소화기 그림: 안전핀, 호스(Hose), 손잡이, 캡(Cap), 가스용기, 본체용기, 가스도입관, 약제방출관, 노즐(Nozzle), 방습고무

축압식 소화기 그림: 스프링, 손잡이, 지시압력계, 밸브, 캡, 패킹, 본체용기, 호스(hose), 노즐, 노즐마개, 사이폰관

‖ 가압식 소화기 ‖　　　‖ 축압식 소화기 ‖

Key Point

＊ ABC급 교재 2권 P.21
제1인산암모늄($NH_4H_2PO_4$)

＊ 분말소화기 vs 이산화 탄소소화기

분말소화기	이산화탄소 소화기
10년	내용연수 없음

＊ 소화능력단위

A3, B5, C급 적응
일반화재 3단위
전기화재 사용가능
유류화재 5단위

137

③ 내용연수

소화기의 내용연수를 **10년**으로 하고 내용연수가 지난 제품은 교체 또는 성능확인을 받을 것. 성능 검사에 합격한 소화기는 내용연수 등이 경과한 날 의 다음 달부터 다음의 기간동안 사용할 수 있다.

내용연수 경과 후 10년 미만	내용연수 경과 후 10년 이상
3년	1년

(2) 이산화탄소소화기

주성분	적응화재
이산화탄소(CO_2)	BC급

3 할론소화기 교재 2권 P.23

종 류	분자식
할론 1211	CF_2ClBr
할론 1301	CF_3Br
할론 2402	$C_2F_4Br_2$

● 숫자는 각각 원소의 개수!

1	2	1	1	1	3	0	1	2	4	0	2
↓	↓	↓	↓	↓	↓	↓	↓	↓	↓	↓	↓
C_1	F_2	Cl_1	Br_1	C_1	F_3	X	Br_1	C_2	F_4	X	Br_2

Key Point

* 대형소화기
교재 2권 P.20

분류	능력단위
A급	10단위 이상
B급	20단위 이상
C급	적응성이 있는 것

* 이산화탄소소화기
혼 파손시 교체해야 한다.

4 특정소방대상물별 소화기구의 능력단위 기준 [교재 2권] P.24

특정소방대상물	소화기구의 능력단위	건축물의 주요구조부가 내화구조이고, 벽 및 반자의 실내에 면하는 부분이 불연재료·준불연재료 또는 난연재료로 된 특정소방대상물의 능력단위
• 위락시설 [공하성 기억법] 위3(위상)	바닥면적 30m²마다 1단위 이상	바닥면적 60m²마다 1단위 이상
• 공연장 • 집회장 • 관람장 • 문화재 • 장례식장 및 의료시설 [공하성 기억법] 5공연장 문의 집관람(손오공 연장 문의 집관람)	바닥면적 50m²마다 1단위 이상	바닥면적 100m²마다 1단위 이상
• 근린생활시설 • 판매시설 • 운수시설 • 숙박시설 • 노유자시설 • 전시장	바닥면적 100m²마다 1단위 이상	바닥면적 200m²마다 1단위 이상

Key Point

* 소화기구의 표시사항 [교재 2권] P.26
① 소화기 – 소화기
② 투척용 소화용구 – 투척용 소화용구
③ 마른모래 – 소화용 모래
④ 팽창진주암 및 팽창질석 – 소화질석

* 소화기의 설치기준 [교재 2권] P.26
① 설치높이 : 바닥에서 1.5m 이하
② 설치면적 : 구획된 실 바닥면적 33m² 이상에 1개 설치

* 1.5m 이하 [교재 2권] P.26, P.44
① 소화기구(자동확산소화기 제외)
② 옥내소화전 방수구

Key Point

* 소수점 발생시

소화기구의 능력단위	소방안전관리 보조자수
교재 1권 P.13	교재 2권 P.25
소수점 올림	소수점 버림

특정소방대상물	소화기구의 능력단위	건축물의 주요구조 부가 **내화구조**이고, 벽 및 반자의 실내에 면하는 부분이 **불연 재료·준불연재료** 또는 **난연재료**로 된 특정소방대상물의 능력단위
● 공동**주**택 ● **업**무시설 ● **방**송통신시설 ● 공장 ● **창**고시설 ● **항**공기 및 자동**차**관련시 설, **관광**휴게시설 공하성 기억법 근판숙노전 주 업방차창 1항 관 광(근판숙노전 주업방차창 일 본항 관광)	바닥면적 **100m²**마다 1단위 이상	바닥면적 **200m²**마다 1단위 이상
● 그 밖의 것	바닥면적 **200m²**마다 1단위 이상	바닥면적 **400m²**마다 1단위 이상

5 소화기의 점검 교재 2권 P.28

(1) 호스 · 혼 · 노즐

┃호스 파손┃

┃호스 탈락┃

┃노즐 파손┃

┃혼 파손┃

┃호스가 없는
소화기┃

(2) 지시압력계의 색표시에 따른 상태

노란색(황색)	녹 색	적 색
┃압력이 부족한 상태┃	┃정상압력 상태┃	┃정상압력보다 높은 상태┃

6 주거용 주방자동소화장치 교재 2권 P.31

주거용 주방에 설치된 열발생 조리기구의 사용으로 인한 화재발생시 열원(**전기** 또는 **가스**)을 자동으로 차단하며, 소화약제를 방출하는 소화장치

Key Point

* **지시압력계** 교재 2권 P.28
① 노란색(황색) : 압력부족
② 녹색 : 정상압력
③ 적색 : 정상압력 초과

노란색
(황색) 녹색 적색

┃소화기 지시압력계┃

* **주거용 주방자동소화장치**
  교재 2권 P.31
① 열원자동차단
② 소화약제방출

141

Key Point

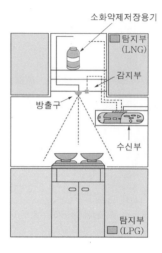

소화약제저장용기

탐지부
(LNG)

감지부

방출구

수신부

탐지부
(LPG)

02 옥내소화전설비

1 옥내소화전설비의 구조 및 점검

┃옥내소화전설비 vs 옥외소화전설비┃

교재 2권 P.36, P.44, PP.57-58

* **옥내소화전설비**

교재 2권 P.36

① 방수량 : 130L/min 이상
② 최소방수압 : 0.17MPa

구 분	옥내소화전설비	옥외소화전설비
방수량	• 130L/min 이상	• 350L/min 이상
방수압	• 0.17~0.7MPa 이하	• 0.25~0.7MPa 이하
호스구경	• 40mm(호스릴 25mm) 공하성 기억법 내호25, 내4 (내사 종결)	• 65mm
최소방출 시간	• 20분 : 29층 이하 • 40분 : 30~49층 이하 • 60분 : 50층 이상	• 20분
설치거리	수평거리 25m 이하	수평거리 40m 이하
표시등	적색등	적색등

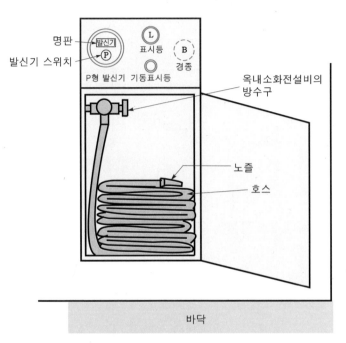

명판
발신기 스위치

발신기
P
P형 발신기

L
표시등

B
경종

기동표시등

옥내소화전설비의
방수구

노즐

호스

바닥

┃ 옥내소화전설비 ┃

(1) 옥내소화전 방수압력 측정 [교재 2권] pp.47~48

① 측정장치 : 방수압력측정계(피토게이지)

②

방수량	방수압력
130L/min	0.17~0.7MPa 이하

③ 방수시간 **3분** 및 방사거리 **8m** 이상으로 정상범위인지 측정한다.

④ 방수압력 측정방법 : 방수구에 호스를 결속한 상태로 노즐의 선단에 방수압력측정계(피토게이지)를 근접$\left(\dfrac{D}{2}\right)$시켜서 측정하고 방수압력측정계의 압력계상의 눈금을 확인한다.

＊ 방수압력측정계
'피토게이지'라고도 불린다.

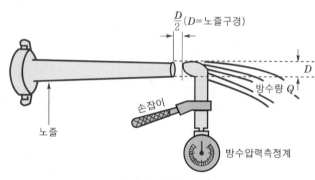

$\dfrac{D}{2}$ (D=노즐구경)

D

방수량 Q

손잡이

노즐

방수압력측정계

┃방수압 측정┃

* **옥내소화전설비 저수량**

$$Q = 2.6N$$

여기서,
Q : 수원의 저수량[m³]
N : 가장 많은 층의 소화
전개수(30층 미만 :
최대 **2개**, 30층 이상 :
최대 **5개**)

(2) 옥내소화전설비 저수량

$$Q = 2.6N(30층 \ 미만)$$
$$Q = 5.2N(30\sim49층 \ 이하)$$
$$Q = 7.8N(50층 \ 이상)$$

여기서, Q : 수원의 저수량[m³]

N : 가장 많은 층의 소화전개수(30층 미만 :
최대 **2개**, 30층 이상 : 최대 **5개**)

(3) 가압송수장치의 종류 교재 2권 PP.37~39

종 류	특 징
펌프방식	기동용 수압개폐장치 설치
고가수조방식	자연낙차압 이용
압력수조방식	압력수조 내 공기 충전
가압수조방식	별도 압력수조

Key Point

✱ 압력수조방식 vs 가압
수조방식

압력수조방식	가압수조방식
별도 공기압력 탱크 없음	별도 공기압력 탱크 있음

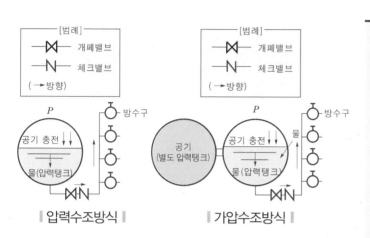

| 압력수조방식 | 가압수조방식 |

(4) 순환배관과 릴리프밸브 교재 2권 P.42

✱ 릴리프밸브 교재 2권 P.42
수온이 상승할 때 과압 방출

순환배관	릴리프밸브
펌프의 **체절운전**시 수온이 상승하여 펌프에 무리가 발생하므로 순환배관상의 수온상승 방지	과압 방출

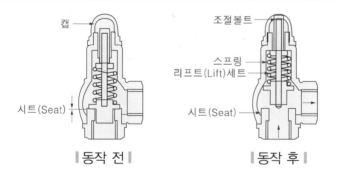

| 동작 전 | 동작 후 |

(5) **옥내소화전함 등의 설치기준** 교재 2권 P.44

① 방수구 : 층마다 설치하되 소방대상물의 각 부분으로부터 1개의 옥내소화전 방수구까지의 **수평거리 25m 이하**가 되도록 할 것(호스릴 옥내소화전

✱ 옥내소화전 방수구
수평거리 25m 이하

✱ 옥외소화전 방수구
수평거리 40m 이하

Key Point

설비 포함). 단, 복층형 구조의 공동주택의 경우에는 세대의 출입구가 설치된 층에만 설치

② 호스 : 구경 **40mm**(호스릴 옥내소화전설비의 경우에는 **25mm**) **이상**의 것으로 물이 유효하게 뿌려질 수 있는 길이로 설치

✓ 중요 **옥내소화전함 표시등 설치위치**

위치표시등	펌프기동표시등 설치위치
옥내소화전함의 **상부**	옥내소화전함의 **상부** 또는 그 **직근(적색등)**

유효수량 교재 2권 P.47
① 타소화설비와 수원이 겸용인 경우 각각의 소화설비 유효수량을 가산한 양 이상으로 한다.
② 일반배관(일반급수관)과 소화배관(옥내소화전) 사이의 유량

(6) **옥내소화전설비 유효수량의 기준** 교재 2권 P.47

일반배관과 소화배관 사이의 유량을 말한다.

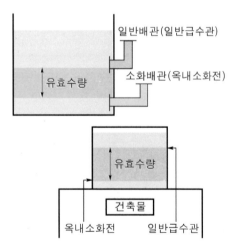

‖유효수량‖

(7) 옥내소화전 기동용 수압개폐장치(압력챔버)

교재 2권 PP.37-38

역 할	용 적
① 배관 내 설정압력 유지 ② 완충작용	100L 이상

＊ 100L 이상
① 기동용 수압개폐장치(압력챔버)
② 물올림수조

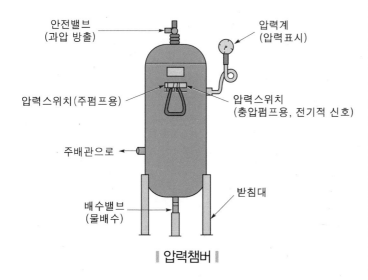

안전밸브
(과압 방출)

압력계
(압력표시)

압력스위치(주펌프용)

압력스위치
(충압펌프용, 전기적 신호)

주배관으로

받침대

배수밸브
(물배수)

❚ 압력챔버 ❚

Key Point

✱ 감시제어반 정상상태
① 선택스위치 : 연동
② 주펌프 : 정지
③ 충압펌프 : 정지

✱ 정상적인 제어반 스위치

주펌프 운전선택스위치	충압펌프 운전선택스위치
자동	자동

**✱ 선택스위치 : 수동,
주펌프 : 기동**
① POWER : 점등
② 주펌프기동 : 점등
③ 주펌프 펌프기동 : 점등

✱ 주펌프만 수동으로 기동
① 선택스위치 : 수동
② 주펌프 : 기동
③ 충압펌프 : 정지

✱ 충압펌프
'보조펌프'라고도 부른다.

✱ 평상시 상태
(1) 동력제어반
　① 주펌프 : 자동
　② 충압펌프 : 자동
(2) 감시제어반
　① 선택스위치 : 자동
　② 주펌프 : 정지
　③ 충압펌프 : 정지

(8) 제어반 스위치 · 표시등　교재 2권 PP.48-49

동력제어반, 감시제어반, 주펌프·충압펌프 모두 '**자동**' 위치

| 동력제어반 스위치 |

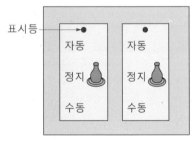

(a) 주펌프　　(b) 충압펌프
　운전선택스위치　운전선택스위치

| 감시제어반 스위치 |

2 펌프성능시험　교재 2권 P.51

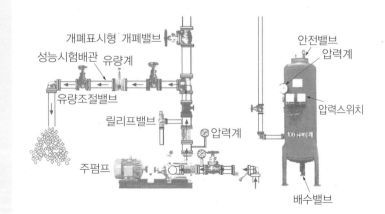

Key Point

(1) 제어반에서 주·충압펌프 정지

감시제어반	동력제어반
선택스위치 정지위치	선택스위치 수동위치

(2) 펌프토출측 밸브(개폐표시형 개폐밸브) **폐쇄**
(3) 설치된 펌프의 현황을 파악하여 펌프성능시험을 위한 표 작성
(4) 유량계에 **100%**, **150%** 유량 표시

3 개폐표시형 개폐밸브 vs 유량조절밸브

교재 2권 P.51

개폐표시형 개폐밸브	유량조절밸브
유체의 흐름을 완전히 차단 또는 조정하는 밸브	유량조절을 목적으로 사용하는 밸브

✓ 중요 펌프성능시험 · 체절운전

교재 2권 PP.54~55

구 분	설 명
펌프성능시험 준비	• 제어반에서 주·충압펌프 정지 • 펌프토출측 밸브 **폐쇄** 　　　개방 ✕ • 유량계에 100%, 150% 유량 표시 • 펌프성능시험표 작성
체절운전	• 정격토출압력×140%(1.4)
유량측정시 기포가 통과하는 원인	• 흡입배관의 이음부로 공기가 유입될 때 • 후드밸브와 수면 사이가 너무 가까울 때 • 펌프에 공동현상이 발생할 때

＊ 펌프성능시험시
유량계에 작은 기포가 통과하여서는 안 된다.

＊ 체절운전
펌프의 토출측 밸브를 잠근 상태. 즉 토출량이 0인 상태에서 운전하는 것

4 가압수가 나오지 않는 경우

(1) **개폐표시형 개폐밸브**가 폐쇄된 경우
(2) **체크밸브**가 막힌 경우

5 체절운전 · 정격부하운전 · 최대운전

교재 2권 PP.54-55

구 분	운전방법	확인사항
체절운전 (무부하시험, No Flow Condition)	① **펌프토출측 개폐밸브** 폐쇄 ② **성능시험배관 개폐밸브, 유량조절밸브** 폐쇄 ③ 펌프 **기동**	① 체절압력이 **정격토출압력의 140%** 이하인지 확인 ② 체절운전시 체절압력 미만에서 릴리프밸브가 작동하는지 확인
정격부하운전 (정격부하시험, Rated Load, 100% 유량운전)	① 펌프 **기동** ② 유량조절밸브를 개방	**유량계**의 유량이 **정격유량**상태(100%)일 때 **정격토출압 이상**이 되는지 확인
최대운전 (피크부하시험, Peak Load, 150% 유량운전)	유량조절밸브를 더욱 개방	유량계의 유량이 **정격토출량**의 **150%**가 되었을 때 **정격토출압의 65%** 이상이 되는지 확인

(1) 정격토출량＝토출량〔L/min〕×1.0(100%)

(2) 체절운전＝토출압력(양정)×1.4(140%)

(3) 150% 유량운전 토출량＝토출량〔L/min〕×1.5(150%)

(4) 150% 유량운전 토출압＝정격양정〔m〕×0.65(65%)

* **최대운전(150% 유량 운전)**
① 토출량＝정격토출량× 1.5
② 토출압＝정격양정×0.65

6 펌프성능곡선   교재 2권 P.53

체절운전은 체절압력이 정격토출압력의 **140%** 이하인지 확인하는 것이고, 최대운전은 유량계의 유량이 정격토출량의 **150%**가 되었을 때, 압력계의 압력이 정격양정의 **65%** 이상이 되는지 확인

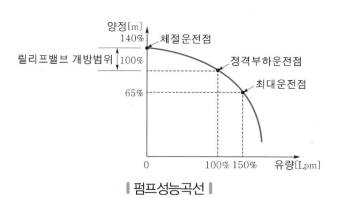

┃ 펌프성능곡선 ┃

03 옥외소화전 및 옥외소화전함

교재 2권 PP.57~58

소방대상물의 각 부분으로부터 호스접결구까지의 **수평거리**가 **40m 이하**가 되도록 설치하여야 하며, 호스구경은 **65mm**의 것으로 하여야 한다.

설치거리	호스구경
5m 이내	65mm

┃ 옥외소화전함의 설치거리 ┃

* **옥외소화전**
  ① 수평거리 : 40m 이하
  ② 호스구경 : 65mm

* **옥내소화전**
  ① 수평거리 : 25m 이상
  ② 호스구경 : 40mm

Key Point

* 옥외소화전 호스구경

교재 2권 P.57

65mm

✓ 중요

구 분	옥내소화전	옥외소화전
방수압력	0.17~0.7MPa	0.25~0.7MPa
방수량	130L/min	350L/min
호스구경	40mm(호스릴 25mm)	65mm

04 스프링클러설비

1 스프링클러설비의 종류　교재 2권 PP.74-75

스프링클러설비
- 폐쇄형 스프링클러헤드 방식
  - 습식
  - 건식
  - 준비작동식
- 개방형 스프링클러헤드 방식
  - 일제살수식

* 일제살수식

교재 2권 P.75

개방형 헤드

공하성 기억법 ▶ 폐습건준, 일개

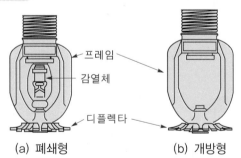

프레임
감열체
디플렉타

(a) 폐쇄형　　　　(b) 개방형
┃ 감열부에 따른 분류 ┃

2 스프링클러설비의 비교 교재 2권 PP.67~74

구 분	1차측 배관	2차측 배관	밸브 종류	헤드 종류
습 식	소화수	소화수	자동경보 밸브	폐쇄형 헤드
건 식	소화수	압축공기	건식 밸브	폐쇄형 헤드
준비 작동식	소화수	대기압	준비작동 밸브	폐쇄형 헤드 (헤드 개방시 살수)
부압식	소화수	부압	준비작동 밸브	폐쇄형 헤드 (헤드 개방시 살수)
일제 살수식	소화수	대기압	일제개방 밸브	개방형 헤드 (모든 헤드에 살수)

3 스프링클러설비의 종류 교재 2권 PP.74~75

구 분		장 점	단 점
폐쇄형 헤드 사용	습 식	• **구조**가 **간단**하고 **공사비 저렴** • 소화가 신속 • 타방식에 비해 유지·관리 용이	• **동결** 우려 장소 사용 **제한** • 헤드 오동작시 수손피해 및 배관부식 촉진
	건 식	• 동결 우려 장소 및 옥외 사용 **가능** 　　　　　　곤란 ×	• 살수 개시 시간지연 및 복잡한 구조 • 화재 초기 **압축공기**에 의한 화재 촉진 우려 • 일반헤드인 경우 **상향형**으로 시공하여야 함
	준비 작동식 부압식	• 동결 우려 장소 사용가능 • 헤드 오동작(개방)시 수손피해 우려 없음 • 헤드 개방 전 경보로 조기대처 용이 • 배관파손 또는 오동작시 **수손피해 방지**	• 감지장치로 감지기 별도 시공 필요 • 구조 복잡, 시공비 고가 • 2차측 배관 부실시공 우려 • 동결 우려 장소 사용제한 • 구조가 다소 복잡

* 비화재시 알람밸브의 경보로 인한 혼선방지를 위한 장치 교재 2권 P.77
① 리타딩챔버
② 압력스위치 내부의 지연회로

공하성 기억법
압비리(**압**력을 행사해서 **비**리를 저지르게 한다.)

153

구 분		장 점	단 점
개방형 헤드 사용	일제 살수식	• **초기화재**에 신속대 　처 용이 • 층고가 높은 장소 　에서도 소화 가능	• 대량살수로 수손피 　해 우려 • 화재감지장치 별도 　필요

4 헤드의 기준개수 　교재 2권 | P.65

특정소방대상물			폐쇄형 헤드의 기준개수
지하가 · 지하역사			30
11층 이상			
10층 이하		공장(특수가연물)	
		판매시설, 복합건축물 (판매시설이 설치되는 복합건축물)	
		근린생활시설, 운수시설	20
		8m 이상	
		8m 미만	10

* **아파트인 경우 폐쇄형
헤드의 기준 개수**

10개

5 각 설비의 주요사항 　교재 2권 | P.36, P.44, PP.57-58, P.65

구 분	스프링클러설비	옥내소화전설비	옥외소화전설비
방수압	0.1~1.2MPa 이하	0.17~0.7MPa 이하	0.25~0.7MPa 이하
방수량	80L/min 이상	130L/min 이상 (30층 미만 : 최 대 2개, 30층 이 상 : 최대 5개)	350L/min 이상 (최대 2개)
방수구경	–	40mm	65mm

☑ 중요 충압펌프 기동점

충압펌프 기동점=주펌프 기동점+0.05MPa

6 습식 스프링클러설비의 작동순서 교재 2권 P.67

(1) 화재발생

(2) 헤드 개방 및 방수

(3) 2차측 배관압력 저하

(4) 1차측 압력에 의해 습식 유수검지장치의 클래퍼 개방

(5) 습식 유수검지장치의 압력스위치 작동 → **사이렌 경보**, **감시제어반**의 **화재표시등**, **밸브개방표시등** 점등

(6) 배관 내 압력저하로 기동용 수압개폐장치의 압력스위치 작동 → 펌프기동

중요 펌프성능시험 교재 2권 P.51, P.55

(1) 펌프성능시험 준비 : 펌프토출측 밸브 **폐쇄**

(2) 체절운전＝정격토출압력×140%(1.4)

(3) 유량측정시 기포가 통과하는 원인
  ① 흡입배관의 이음부로 공기가 유입될 때
  ② 후드밸브와 수면 사이가 너무 가까울 때
  ③ 펌프에 공동현상이 발생할 때

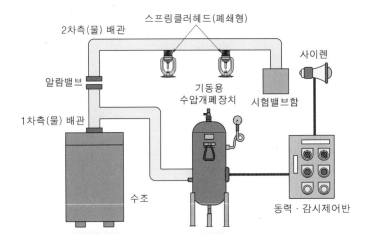

Key Point

＊ **습식 스프링클러설비의 작동** 교재 2권 P.67
알람밸브 2차측 압력이 저하되어 클래퍼가 개방(작동)되면 압력수 유입으로 압력스위치가 동작

＊ **개폐표시형 개폐밸브** 교재 2권 P.51
유체의 흐름을 완전히 차단 또는 조정하는 밸브

＊ **유량조절밸브** 교재 2권 P.51
유량조절을 목적으로 사용하는 밸브로서 유량계 후단에 설치

＊ **알람밸브**
'**자동경보밸브**'라고도 부른다.

7 습식 유수검지장치의 작동과정 📖 교재 2권 P.67

(1) 클래퍼 개방

(2) **시트링홀**로 물이 들어감

(3) 압력스위치를 동작시켜 제어반에 **사이렌, 화재표시등, 밸브개방표시등**의 신호를 전달

(4) **펌프기동**

8 준비작동식 스프링클러설비 작동순서

📖 교재 2권 P.70

* 준비작동식 스프링클러
  설비 📖 교재 2권 P.70
준비작동식 유수검지장치(프리액션밸브)를 중심으로 1차측은 가압수로, 2차측은 대기압 상태로 유지되어 있다가 화재발생시 감지기의 작동으로 2차측 배관에 소화수가 충수된 후 화재시 열에 의한 헤드 개방으로 배관 내의 유수가 발생하여 소화하는 방식이다.

(1) **작동순서**

① 화재발생

② 교차회로방식의 A 또는 B 감지기 작동(경종 또는 사이렌 경보, 화재표시등 점등)

③ 감지기 <u>A와 B 감지기</u> 작동 또는 수동기동장치
          or ×
(SVP) 작동

④ 준비작동식 유수검지장치 작동
  ㉠ 전자밸브(솔레노이드밸브) 작동
  ㉡ 중간챔버 감압
  ㉢ 밸브개방
  ㉣ 압력스위치 작동 → 사이렌 경보, 밸브개방표시등 점등

⑤ 2차측으로 급수

⑥ 헤드개방, 방수

⑦ 배관 내 압력저하로 기동용 수압개폐장치의 압력스위치 작동 → 펌프 기동

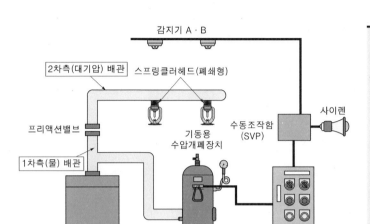

감지기 A · B

2차측(대기압) 배관 스프링클러헤드(폐쇄형)

프리액션밸브

1차측(물) 배관

기동용
수압개폐장치

수동조작함
(SVP)

사이렌

수조

동력 · 감시제어반

(2) 준비작동식 유수검지장치(프리액션밸브) 교재 2권 P.71

A · B 감지기가 모두 동작하면 중간챔버와 연결된 전
자밸브(솔레노이드밸브)가 개방되면서 중간챔버의 물
이 배수되어 클래퍼가 밀려 1차측 배관의 물이 2차측
으로 유수된다.

* 프리액션밸브와 같은
의미 교재 2권 P.71
① 준비작동밸브
② 준비작동식밸브

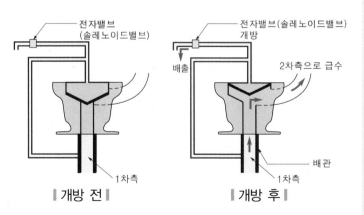

전자밸브
(솔레노이드밸브)

전자밸브(솔레노이드밸브)
개방

배출

2차측으로 급수

1차측

1차측

배관

∥ 개방 전 ∥   ∥ 개방 후 ∥

Key Point

9 습식 스프링클러설비의 점검 교재 2권 PP.75-76

알람밸브 2차측 압력이 저하되어 **클래퍼**가 **개방**되면 클래퍼 개방에 따른 **압력수 유입**으로 **압력스위치**가 **동작**된다.

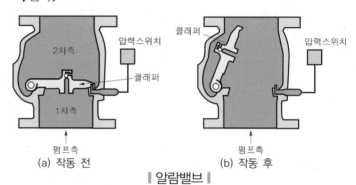

| 알람밸브 |

＊ 준비작동식 vs 일제살수식 교재 2권 P.79
① A or B 감지기 작동시 사이렌만 경보
② A and B 감지기 작동시 펌프 자동기동

10 준비작동식, 일제살수식 확인사항 교재 2권 P.79

A or B 감지기 작동시	A and B 감지기 작동시
① 화재표시등, A 감지기 or B 감지기 지구표시등 점등 ② 경종 또는 사이렌 경보	① 전자밸브(솔레노이드밸브) 작동 ② 준비작동식밸브 개방으로 배수밸브로 배수 ③ 밸브개방표시등 점등 ④ 사이렌 경보 ⑤ 펌프 자동기동

✓ 중요 ▶ 준비작동식 유수검지장치를 작동시키는 방법 교재 2권 P.78

(1) 해당 방호구역의 감지기 2개 회로 작동
(2) SVP(수동조작함)의 수동조작스위치 작동
(3) 밸브 자체에 부착된 수동기동밸브 개방
(4) 감시제어반(수신기)측의 준비작동식 유수검지장치 수동 기동스위치 작동
(5) 감시제어반(수신기)에서 동작시험 스위치 및 회로선택 스위치로 작동(2회로 작동)

Key Point

05 물분무등소화설비

1 이산화탄소소화설비의 장단점 | 교재 2권 | P.85

장 점	단 점
• **심부화재**에 적합하다. • 화재진화 후 깨끗하다. • 피연소물에 피해가 적다. • 비전도성이므로 **전기화재**에 좋다.	• 사람에게 질식의 우려가 있다. • 방사시 동상의 우려와 **소음**이 **크다**. • 설비가 고압으로 특별한 주의와 관리가 필요하다.

* 이산화탄소소화설비의 단점 | 교재 2권 | P.85

방사시 소음이 크다.

2 가스계 소화설비의 방출방식 | 교재 2권 | PP.85-86

전역방출방식	**국**소방출방식	**호**스릴방식
고정식 소화약제 공급장치에 배관 및 분사헤드를 고정 설치하여 **밀**폐 **방호구역** 내에 소화약제를 방출하는 설비	고정식 소화약제 공급장치에 배관 및 분사헤드를 설치하여 직접 화점에 소화약제를 방출하는 설비로 **화재발생 부분**에만 **집중적**으로 소화약제를 방출하도록 설치하는 방식	분사헤드가 배관에 고정되어 있지 않고 소화약제 저장용기에 호스를 연결하여 사람이 직접 화점에 소화약제를 방출하는 **이**동식 소화설비

공하성 기억법 밀전

공하성 기억법 국화집

공하성 기억법 호이 (호일)

* **가스계 소화설비의 방출방식** | 교재 2권 | PP.85-86

① **전**역방출방식
② **국**소방출방식
③ **호**스릴방식

공하성 기억법

가전국호

| 전역반출방시 |

| 국소방출방시 |

| 호스릴방식 |

공하성 기억법 기전국호

* 가스계 소화설비의 종류

교재 2권 PP.86-89

① 이산화탄소소화설비
② 할론소화설비

3 가스계 소화설비의 주요구성 교재 2권 PP.86-89

(1) 저장용기

(2) 기동용 가스용기

(3) 솔레노이드밸브

(4) 압력스위치

(5) 선택밸브

(6) 수동조작함(수동식 기동장치)

(7) 방출표시등

(8) 방출헤드

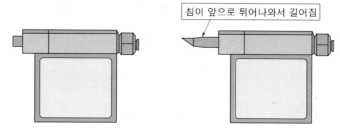

침이 앞으로 튀어나와서 길어짐

(a) 작동 전(격발 전)   (b) 작동 후(격발 후)

∥ 솔레노이드밸브 ∥

4 가스계 소화설비 점검 전 안전조치

교재 2권 P.91

단 계	내 용
1단계	① 기동용기에서 선택밸브에 연결된 조작동관 분리 ② 기동용기에서 저장용기에 연결된 개방용 동관 분리
2단계	③ 제어반의 솔레노이드밸브 연동정지 정지 연동 가스계 ┃ P형 수신기 예 ┃
3단계	④ 솔레노이드밸브 안전클립(안전핀) 체결 후 분리, 안전클립 제거 후 격발 준비 ━ 안전클립(안전핀) ━ 솔레노이드밸브 ┃ 솔레노이드밸브 ┃

Key Point

＊ 가스계 소화설비 점검 전 안전조치사항
제어반의 솔레노이드밸브 연동정지

5 기동용기 솔레노이드밸브 격발시험방법

교재 2권 P.92

* **감지기를 동작시킨 경우 확인사항**
① 제어판 화재표시
② 솔레노이드밸브 파괴침 동작
③ 사이렌 또는 경종 동작

격발시험방법	세부사항
수동조작버튼 작동 (즉시 격발)	연동전환 후 기동용기 솔레노이드밸브에 부착되어 있는 수동조작버튼을 안전클립 제거 후 누름
수동조작함 작동	연동전환 후 수동조작함의 기동스위치를 누름
교차회로감지기 동작	연동전환 후 방호구역 내 교차회로(A, B) 감지기 동작
제어반 수동조작스위치 동작	솔레노이드밸브 선택스위치를 수동위치로 전환 후 정지에서 기동위치로 전환하여 동작시킴

Key Point

01 자동화재탐지설비

1 경계구역의 설정 기준 [교재 2권] [P.99]

(1) 1경계구역이 2개 이상의 **건축물**에 미치지 않을 것

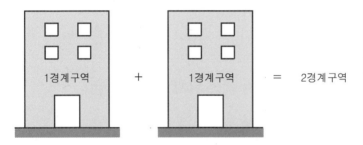

┃ 하나의 경계구역으로 설정불가 ┃

(2) 1경계구역이 2개 이상의 **층**에 미치지 않을 것(단, **500m²** 이하는 2개층을 1경계구역으로 할 수 있다.)

(3) 1경계구역의 면적은 **600m²** 이하로 하고, 1변의 길이는 **50m** 이하로 할 것(단, 내부 전체가 보이면 **1000m²** 이하로 할 것)

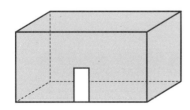

┃ 내부 전체가 보이면 1경계구역 면적 1000m² 이하,
1변의 길이 50m 이하 ┃

＊ **경계구역** [교재 2권] [P.99]
자동화재탐지설비의 1회선 (회로)이 화재의 발생을 유효하고 효율적으로 감지할 수 있도록 적당한 범위를 정한 구역

2 수신기

(1) 수신기의 구분 [교재 2권 P.99]

① P형 수신기
② R형 수신기

(2) 수신기의 설치기준 [교재 2권 P.102]

① 수신기가 설치된 장소에는 **경계구역 일람도**를
 비치할 것
② 수신기의 조작스위치 높이 : 바닥으로부터의 높이
 가 **0.8~1.5m** 이하
③ 경비실 등 상시 사람이 근무하고 있는 장소에 설치

3 발신기 누름스위치 [교재 2권 P.103]

(1) **0.8~1.5m**의 높이에 설치한다.
(2) 발신기 누름스위치를 누르고 수신기가 동작하면 수
 신기의 화재표시등이 점등된다.

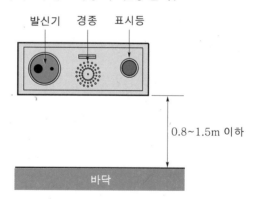

발신기 경종 표시등

0.8~1.5m 이하

바닥

4 감지기 교재 2권 PP.103-105

(1) 감지기의 특징 교재 2권 P.104

감지기 종별	설 명
차동식 스포트형 감지기	주위 온도가 **일정상승률** 이상이 되는 경우에 작동하는 것
정온식 스포트형 감지기	주위 온도가 **일정온도** 이상이 되었을 때 작동하는 것
이온화식 스포트형 감지기	주위의 공기가 일정농도 이상의 **연기**를 포함하게 되는 경우에 작동하는 것
광전식 스포트형 감지기	연기에 포함된 미립자가 광원에서 방사되는 광속에 의해 산란반사를 일으키는 것을 이용

작동표시램프(감지기 작동시 점등)

┃차동식 스포트형   ┃정온식 스포트형   ┃광전식 스포트형
　감지기┃　　　　　　　감지기┃　　　　　　　감지기┃

Key Point

＊ 이온화식 스포트형 감지기 교재 2권 P.104
주위의 공기가 **일정농도**의 **연기**를 포함하게 되는 경우에 작동하는 것

Key Point

★ **정온식 스포트형 감지기의 구성** 교재 2권 P.104
① **바**이메탈
② 감열판
③ 접점

공하성 기억법
바정(봐줘)

★ **차동식 스포트형 감지기** 교재 2권 P.104
① 거실, 사무실에 설치
② 감열실, 다이어프램, 리크구멍, 접점
③ 주위 온도에 영향을 받음

★ **차동식 스포트형 감지기의 구성**
① **감**열실
② 다이어프램
③ 리크구멍
④ 접점

공하성 기억법
차감

(2) 감지기의 구조 교재 2권 PP.104-105

정온식 스포트형 감지기	차동식 스포트형 감지기
① **바이메탈, 감열판, 접점** 등으로 구성	① **감열실, 다이어프램, 리크구멍, 접점** 등으로 구성
② 보일러실, 주방 설치	② 거실, 사무실 설치
③ 주위 온도가 **일정온도** 이상이 되었을 때 작동	③ 주위 온도가 **일정상승률** 이상이 되었을 때 작동

공하성 기억법 **바정(봐줘)**

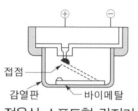

| 정온식 스포트형 감지기 |

공하성 기억법 **차감**

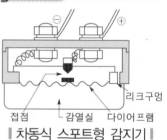

| 차동식 스포트형 감지기 |

✔ 중요 감지기 설치유효면적 교재 2권 P.105

(단위 : m²)

부착높이 및 소방대상물의 구분		감지기의 종류				
		차동식·보상식 스포트형		정온식 스포트형		
		1종	2종	특종	1종	2종
4m 미만	내화구조	90	70	70	60	20
	기타구조	50	40	40	30	15
4m 이상 8m 미만	내화구조	45	35	35	30	–
	기타구조	30	25	25	15	–

공하성 기억법
```
차  보       정
9  7     7  6  2
5  4     4  3  ①
④  ③     ③  3  ×
3  ②     ②  ①  ×
```
※ 동그라미(○) 친 부분은 뒤에 5가 붙음

Key Point

5 음향장치

(1) 음향장치의 설치기준 교재 2권 P.106

① **층**마다 설치한다.

② 음량크기는 **1m** 떨어진 곳에서 **90dB** 이상이 되도록 한다.

‖ 음향장치의 음량측정 ‖

③ 수평거리 **25m** 이하가 되도록 설치한다.

④ 음향장치의 종류

주음향장치	지구음향장치
수신기 내부 또는 **직근**에 설치	각 **경계구역**에 설치

* 음향장치 수평거리

교재 2권 P.106

수평거리 25m 이하

(2) 음향장치의 경보방식 교재 2권 P.106

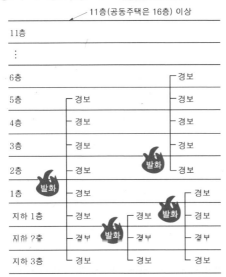

‖ 발화층 및 직상 4개층 경보방식 ‖

│ 자동화재탐지설비 음향장치의 경보 │ 교재 2권 P.106

발화층	경보층	
	11층(공동주택 16층) 미만	11층(공동주택 16층) 이상
2층 이상 발화	전층 일제경보	• 발화층 • 직상 4개층
1층 발화		• 발화층 • 직상 4개층 • 지하층
지하층 발화		• 발화층 • 직상층 • 기타의 지하층

* 자동화재탐지설비 발화층 및 직상 4개층 경보 적용대상물

11층(공동주택 16층) 이상의 특정소방대상물의 경보

6 청각장애인용 시각경보장치

(1) 청각장애인용 시각경보장치의 설치기준 교재 2권 P.106

① **복도·통로·청각장애인용 객실** 및 공용으로 사용하는 **거실**에 설치하며, 각 부분으로부터 유효하게 경보를 발할 수 있는 위치에 설치

② **공연장·집회장·관람장** 또는 이와 유사한 장소에 설치하는 경우에는 시선이 집중되는 **무대부 부분** 등에 설치

③ 바닥으로부터 **2~2.5m** 이하의 장소에 설치(단, 천장높이가 **2m 이하**인 경우는 천장으로부터 **0.15m** 이내의 장소에 설치한다.)

(2) 설치높이 교재 2권 PP.102-103, P.106

기타기기	시각경보장치
0.8~1.5m 이하	2~2.5m 이하 (천장높이 2m 이하는 천장으로부터 0.15m 이내)

공하성 기억법 시25(CEO)

Key Point

7 송배선식 교재 2권 PP.106-107

도통시험(선로의 정상연결 유무 확인)을 원활히 하기 위한 배선방식

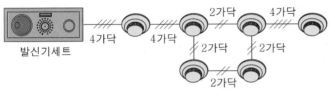

✱ 송배선식 교재 2권 P.106
감지기 사이의 회로배선에
사용

┃ 송배선식 ┃

8 감지기 작동 점검(단계별 절차) 교재 2권 P.110

(1) 1단계 : 감지기 동작시험 실시

→ **감지기 시험기, 연기스프레이 등 이용**

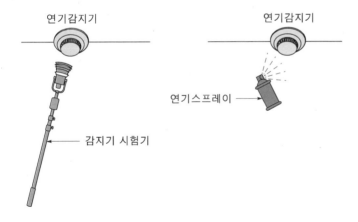

(2) **2단계** : LED 미점등시 감지기 회로 전압 확인

① **정격전압**의 **80%** 이상이면, **감지기가 불량**이므로 감지기를 교체한다.

② 전압이 **0V**이면 회로가 **단선**이므로 회로를 보수한다.

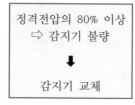

정격전압의 80% 이상
⇨ 감지기 불량

↓

감지기 교체

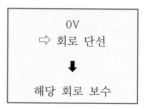

0V
⇨ 회로 단선

↓

해당 회로 보수

(3) **3단계** : 감지기 동작시험 재실시

9 발신기 작동 점검(단계별 절차) 교재 2권 P.111

(1) **1단계** : 발신기 누름버튼 누름

(2) **2단계** : 수신기에서 발신기등 및 발신기 응답램프 점등 확인

* **발신기 누름버튼을 누를 때 상황**
① 수신기의 화재표시등 점등
② 수신기의 발신기등 점등
③ 수신기의 주경종 경보

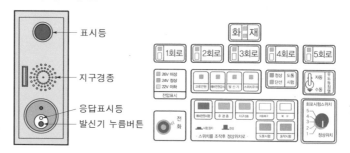

표시등

지구경종

응답표시등
발신기 누름버튼

10 회로도통시험 교재 2권 PP.115-116

(1) **회로도통시험의 정의**

수신기에서 감지기 사이 회로의 단선 유무와 기기 등의 접속상황을 확인하기 위한 시험

Key Point

(2) 회로도통시험 적부판정

구 분	정 상	단 선
전압계가 있는 경우	4~8V	0V
도통시험확인등이 있는 경우	정상확인등 점등(녹색)	단선확인등 점등(적색)

정상	도통
단선	시험

‖ 단선인 경우(적색등 점등) ‖

02 자동화재탐지설비(P형 수신기)의 점검방법

1 P형 수신기의 동작시험(로터리방식)

교재 2권 P.113

동작시험 순서	동작시험 복구순서
① 동작시험스위치 누름	① 회로시험스위치 돌림
② 자동복구스위치 누름	② 동작시험스위치 누름
③ 회로시험스위치 돌림	③ 자동복구스위치 누름

* 동작시험 복구순서

교재 2권 P.113

① 회로시험스위치 돌림
② 동작시험스위치 누름
③ 자동복구스위치 누름

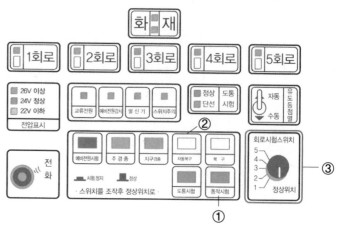

‖ P형 수신기 동작시험 순서 ‖

2 동작시험 vs 회로도통시험

* 회로도통시험
교재 2권 PP.115-116
수신기에서 감지기 사이 회로의 단선 유무와 기기 등의 접속상황을 확인하기 위한 시험

동작시험 순서 교재 2권 P.113	회로도통시험 순서 교재 2권 PP.115-116
동작(화재)시험스위치 및 자동복구스위치를 누름 → 각 회로(경계구역) 버튼 누름	도통시험스위치를 누름 → 회로시험스위치를 각 경계구역별로 차례로 회전(각 경계구역 동작버튼을 차례로 누름)

3 회로도통시험 vs 예비전원시험

회로도통시험 순서 교재 2권 PP.115-116	예비전원시험 순서 교재 2권 P.117
도통시험스위치 누름 → 회로시험스위치 돌림	예비전원시험스위치 누름 → 예비전원 결과 확인

172

4 평상시 점등상태를 유지하여야 하는 표시등 [교재 2권] P.116

① 교류전원

② 전압지시(정상)

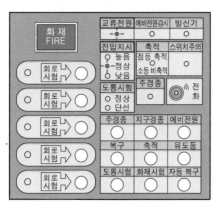

‖P형 수신기‖

* 수신기 동작시험기준
① 1회선마다 복구하면서 모든 회선을 시험
② 축적·비축적 선택스위치를 비축적 위치로 놓고 시험

5 예비전원시험 [교재 2권] P.117

전압계인 경우 정상	램프방식인 경우 정상
19~29V	녹색

* 예비전원감시등이 점등된 경우
① 예비전원 연결 소켓이 분리
② 예비전원 원인

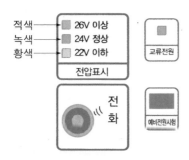

‖ 예비전원시험 ‖

＊ 주방
정온식 감지기 설치

＊ 천장형 온풍기
감지기 이격 설치

＊ 비화재보
'오동작'을 의미한다.

＊ 경종이 울리지 않는 경우
① 주경종 정지스위치 :
　ON
② 지구경종 정지스위치 :
　ON

6 비화재보의 원인과 대책   교재 2권 | PP.124-125

주요 원인	대 책
주방에 '**비적응성 감지기**'가 설치된 경우	적응성 감지기(정온식 감지기 등)로 교체
'**천장형 온풍기**'에 밀접하게 설치된 경우	기류흐름 방향 외 이격설치
담배연기로 인한 연기감지기 동작	흡연구역에 환풍기 등 설치

7 자동화재탐지설비의 비화재보시 조치 방법   교재 2권 | PP.125-126

단 계	대처법
1단계	수신기 확인(화재표시등, 지구표시등 확인)
2단계	실제 화재 여부 확인
3단계	음향장치 정지
4단계	비화재보 원인 제거
5단계	수신기 복구
6단계	음향장치 복구
7단계	스위치주의등 확인

8 발신기 작동시 점등되어야 하는 것
교재 2권 | P.111, PP.125-126

(1) 화재표시등

(2) 지구표시등(해당 회로)

(3) 발신기등

01 피난기구

1 피난기구의 종류 교재 2권 PP.130-132

구 분	설 명
피난 사다리	건축물화재시 안전한 장소로 피난하기 위해서 건축물의 개구부에 설치하는 기구로서 고정식 사다리, 올림식 사다리, 내림식 사다리로 분류된다. ∥ 피난사다리 ∥
완강기	사용자의 몸무게에 의하여 자동적으로 내려올 수 있는 기구 중 사용자가 교대하여 **연속적으로 사용할 수 있는 것** 속도조절기 로프 연결금속구 벨트 ∥ 완강기 ∥

✽ **피난기구의 종류**
교재 2권 PP.130-132
① 피난사다리
② 완강기
③ 간이완강기
④ 구조대
⑤ 공기안전매트
⑥ 피난교
⑦ 미끄럼대
⑧ 다수인 피난장비
⑨ 기타 피난기구(피난용 트랩, 승강식 피난기 등)

✽ **완강기 구성요소**
교재 2권 P.131
① 속도**조**절기
② **로**프
③ **벨**트
④ **연**결금속구

 기억법
조로벨연

* **구조대**
포대 사용

구 분	설 명
간이 완강기	사용자의 몸무게에 의하여 자동적으로 내려올 수 있는 기구 중 사용자가 **연속적**으로 **사용할 수 없는 것**
구조대	**포**지 등을 사용하여 자루형태로 만든 것으로서 화재시 사용자가 그 내부에 들어가서 내려옴으로써 대피할 수 있는 피난기구 공하성 기억법　**구포**(부산에 있는 **구포**) 포지(포대) ‖ 구조대 ‖
공기안전 매트	화재발생시 사람이 건축물 내에서 외부로 긴급히 뛰어내릴 때 충격을 흡수하여 안전하게 지상에 도달할 수 있도록 포지에 공기 등을 주입하는 구조로 되어 있는 것 ‖ 공기안전매트 ‖

구 분	설 명
피난교	건축물의 옥상층 또는 그 이하의 층에서 화재발생시 옆 건축물로 피난하기 위해 설치하는 피난기구 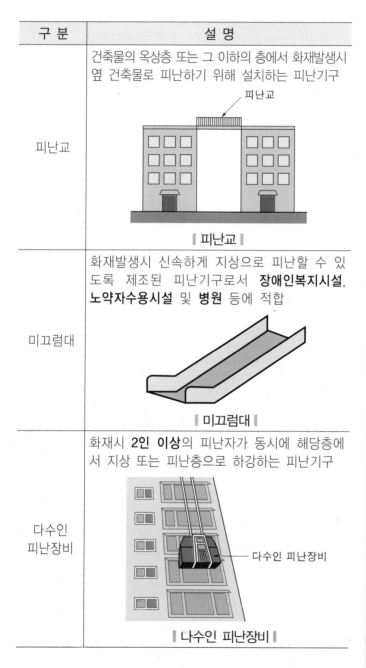 ‖ 피난교 ‖
미끄럼대	화재발생시 신속하게 지상으로 피난할 수 있도록 제조된 피난기구로서 **장애인복지시설**, **노약자수용시설** 및 **병원** 등에 적합 ‖ 미끄럼대 ‖
다수인 피난장비	화재시 **2인 이상**의 피난자가 동시에 해당층에서 지상 또는 피난층으로 하강하는 피난기구 다수인 피난장비 ‖ 다수인 피난장비 ‖

＊ 다수인 피난장비
2인 이상 동시 사용 가능

구 분	설 명
기타 피난기구	피난용 트랩, 승강식 피난기 등 ▌승강식 피난기▐

2 완강기 구성 요소

(1) 속도**조**절기
(2) **로**프
(3) **벨**트
(4) **연**결금속구

공하성 기억법　조로벨연

3 피난기구의 적응성　교재 2권 P.135

설치 장소별 구분 ＼ 층별	1층	2층	3층	4층 이상 10층 이하
노유자시설	● 미끄럼대 ● 구조대 ● 피난교 ● 다수인 　피난장비 ● 승강식 　피난기	● 미끄럼대 ● 구조대 ● 피난교 ● 다수인 　피난장비 ● 승강식 　피난기	● 미끄럼대 ● 구조대 ● 피난교 ● 다수인 　피난장비 ● 승강식 　피난기	● 구조대[1] ● 피난교 ● 다수인 　피난장비 ● 승강식 　피난기

설치 장소별 구분 \ 층별	1층	2층	3층	4층 이상 10층 이하
의료시설 · 입원실이 있는 의원 · 접골 원 · 조산원	–	–	• 미끄럼대 • 구조대 • 피난교 • 피난용 트랩 • 다수인 피난장비 • 승강식 피난기	• 구조대 • 피난교 • 피난용 트랩 • 다수인 피난장비 • 승강식 피난기
영업장의 위치가 4층 이하인 다중이용업소	–	• 미끄럼대 • 피난사다리 • 구조대 • 완강기 • 다수인 피난장비 • 승강식 피난기	• 미끄럼대 • 피난사다리 • 구조대 • 완강기 • 다수인 피난장비 • 승강식 피난기	• 미끄럼대 • 피난사다리 • 구조대 • 완강기 • 다수인 피난장비 • 승강식 피난기
그 밖의 것	–	–	• 미끄럼대 • 피난사다리 • 구조대 • 완강기 • 피난교 • 피난용 트랩 • 간이완강기[2] • 공기안전 매트[2] • 다수인 피난장비 • 승강식 피난기	• 피난사다리 • 구조대 • 완강기 • 피난교 • 간이완강기[2] • 공기안전 매트[2] • 다수인 피난장비 • 승강식 피난기

1) **구조대**의 적응성은 장애인관련시설로서 주된 사용자 중 스스로 피나이 불가한 자가 있는 경우 추가로 설치하는 경우에 한한다.
2) 간이완강기의 적응성은 **숙박시설**의 **3층 이상**에 있는 객실에, **공기안전매트**의 적응성은 **공동주택**에 추가로 설치하는 경우에 한한다.

Key Point

✱ 간이완강기 vs 공기안전매트 교재 2권 P.135

간이완강기	공기안전매트
숙박시설의 3층 이상에 있는 객실	공동주택

179

02 인명구조기구 [교재 2권 P.136]

(1) **방열**복
(2) 방**화**복(안전모, 보호장갑, 안전화 포함)
(3) **공**기호흡기
(4) **인**공소생기

공하성 기억법 방열화공인

03 비상조명등

1 비상조명등의 조도 [교재 2권 P.142]

각 부분의 바닥에서 **1 lx** 이상

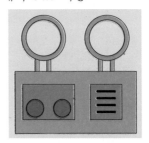

▮ 비상조명등 ▮

* 비상조명등의 유효작동
시간 [교재 2권 P.142]
20분 이상

* 휴대용 비상조명등
[교재 2권 P.143]
상시 충전되는 구조일 것

2 유효작동시간 [교재 2권 PP.142-143]

비상조**명**등	휴대용 비상조**명**등
20분 이상	**2**0분 이상

공하성 기억법 조2(Joy)

180

04 유도등 및 유도표지

1 비상전원의 용량 교재 2권 P.142

구 분	용 량
유도등	**20분** 이상
유도등(지하상가 및 11층 이상)	**60분** 이상

2 특정소방대상물별 유도등의 종류 교재 2권 P.144

설치장소	유도등 및 유도표지의 종류
• **공**연장 · **집**회장 · **관**람장 · **운동시설** • 유흥주점 영업시설(카바레, 나이트클럽) 종하성 기억법 **공집관운객**	• 대형피난구유도등 • 통로유도등 • **객**석유도등
• 위락시설 · 판매시설 · 운수시설 · 장례식장 • 관광숙박업 · 의료시설 · 방송통신시설 • 전시장 · 지하상가 · 지하철역사	• 대형피난구유도등 • 통로유도등
• 숙박시설 · 오피스텔 • 지하층 · 무창층 및 11층 이상인 특정소방대상물	• 중형피난구유도등 • 통로유도등
• 근린생활시설 · 노유자시설 · 업무시설 · 발전시설 • 종교시설 · 교육연구시설 · 공장 · 수련시설 • 창고시설 · 교정 및 군사시설 · 기숙사 • 자동차정비공장 · 운전학원 및 정비학인 • 다중이용업소 · 복합건축물 · 아파트	• 소형피난구유도등 • 통로유도등
• 그 밖의 것	• 피닌구유도표지 • 통로유도표지

Key Point

＊ 유도등의 종류

교재 2권 PP.143~144

① **피**난구유도등
② **통**로유도등
③ **객**석유도등

종하성 기억법

피통객

3 객석유도등의 설치장소 〔교재 2권 P.144〕

(1) **공**연장
(2) **집**회장(종교집회장 포함)
(3) **관**람장
(4) **운**동시설

| 객석유도등 |

공하성 기억법 공집관운객

4 유도등의 설치높이 〔교재 2권 PP.144-147〕

* **계단통로유도등**
  〔교재 2권 PP.146-147〕
① 각 층의 경사로참 또는 계단참(1개층에 경사로참 또는 계단참이 2 이상 있는 경우 2개의 계단참마다)마다 설치할 것
② 바닥으로부터 높이 **1m** 이하의 위치에 설치할 것

* **피난구유도등의 설치장소** 〔교재 2권 PP.144-145〕
① **옥내**로부터 직접 지상으로 통하는 출입구 및 그 부속실의 출입구
② **직통계단·직통계단**의 **계단실** 및 그 부속실의 출입구
③ 출입구에 이르는 **복도** 또는 **통로**로 통하는 출입구
④ **안전구획**된 거실로 통하는 출입구

복도통로유도등, 계단통로유도등	피난구유도등, 거실통로유도등
바닥으로부터 높이 **1m** 이하 공하성 기억법 1복(일복 터졌다.)	피난구의 바닥으로부터 높이 **1.5m** 이상 공하성 기억법 피유15상

5 객석유도등 산정식 〔교재 2권 P.147〕

객석유도등 설치개수

$$= \frac{객석통로의\ 직선부분의\ 길이[m]}{4} - 1(소수점\ 올림)$$

공하성 기억법 객4

6 객석유도등의 설치장소 〔교재 2권 P.147〕

객석의 **통로**, **바닥**, **벽**

공하성 기억법 통바벽

7 유도등의 3선식 배선시 점등되는 경우(점멸기 설치시) 교재 2권 P.149

(1) **자동화재탐지설비**의 감지기 또는 발신기가 작동되
   자동화재속보설비 ×
   는 때
(2) **비상경보설비**의 발신기가 작동되는 때
(3) **상**용전원이 정전되거나 전원선이 단선되는 때
(4) **방**재업무를 통제하는 곳 또는 전기실의 배전반에서 **수**동적으로 점등하는 때
(5) **자동소화설비**가 작동되는 때

공하성 기억법 3탐경상 방수자

8 유도등 3선식 배선에 따라 상시 충전되는 구조가 가능한 경우 교재 2권 P.148

(1) **외부**의 빛에 의해 피난구 또는 피난방향을 쉽게 식별할 수 있는 장소
(2) **공연장, 암실** 등으로서 어두워야 할 필요가 있는 장소
(3) 특정소방대상물의 **관계인** 또는 **종사원**이 주로 사용하는 장소

공하성 기억법 충외공관

☑ 중요 3선식 유도등 점검 교재 2권 P.149

수신기에서 수동으로 점등스위치를 ON하고 건물 내의 점등이 **안 되는** 유도등을 확인한다.

수 동	자 동
유도등 전환스위치 수동전환 → 유도등 점등 확인	유도등 절환스위치 자동전환 → 감지기, 발신기 동작 → 유도등 점등 확인

✱ 3선식 유도등 점검내용
유도등 절환스위치
→ 유도등 점등 확인

Key Point

9 예비전원(배터리)점검　교재 2권 P.150

외부에 있는 **점검스위치**(배터리상태 점검스위치)를 **당겨보는 방법** 또는 **점검버튼**을 눌러서 점등상태 확인

┃ 예비전원 점검스위치 ┃

┃ 예비전원 점검버튼 ┃

＊예비전원(배터리)점검
　교재 2권 P.150
① 점검스위치를 당기는 방법
② 점검버튼을 누르는 방법

10 2선식 유도등점검　교재 2권 P.149

유도등이 **평상시 점등**되어 있는지 확인

┃ 평상시 점등이면 정상 ┃

┃ 평상시 소등이면 비정상 ┃

11 유도등의 점검내용

(1) **3선식**은 유도등 절환스위치를 **수동**으로 전환하고 **유도등의 점등**을 확인한다. 또한 수신기에서 수동으로 점등스위치를 <u>ON</u>하고 건물 내의 점등이 <u>안 되는</u> 유
　　　　　　　OFF ✕　　　　　　　　　　되는 ✕
도등을 확인한다.

(2) **3선식**은 유도등 절환스위치를 **자동**으로 전환하고 **감지기, 발신기** 동작 후 **유도등 점등**을 확인한다.

(3) **2선식**은 유도등이 **평상시 점등**되어 있는지 확인한다.

(4) **예비전원**은 **상시 충전**되어 있어야 한다.

184

제5장

소방용수설비 · 소화활동설비

01 소방용수설비의 설치기준

교재 2권 P.154

(1) 소화수조의 깊이가 **4.5m** 이상인 지하에 있는 경우 가압송수장치를 설치할 것

(2) 소화수조는 소방차가 **2m** 이내의 지점까지 접근할 수 있는 위치에 설치할 것

(3) 소화전은 소방대상물의 수평투영면의 각 부분으로부터 **140m** 이하가 되도록 설치할 것

＊ **소화수조** 교재 2권 P.154
소방차가 2m 이내의 지점
까지 접근 가능할 것

02 소화수조 · 저수조 교재 2권 P.155

1 흡수관 투입구

한 변이 **0.6m 이상**이거나 직경이 **0.6m 이상**인 것

＊ **흡수관 투입구의 기준**
교재 2권 P.155

꼭 기억하세요

| 흡수관 투입구 원형 |

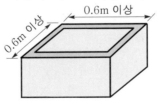

0.6m 이상

0.6m 이상

| 흡수관 투입구 사각형 |

| 흡수관 투입구 |

소요수량	$80m^3$ 미만	$80m^3$ 이상
흡수관 투입구의 수	**1개** 이상	**2개** 이상

Key Point

* 채수구 기준
교재 2권 P.155

❖ 꼭 기억하세요 ❖

2 채수구

소요수량	20~40m³ 미만	40~100m³ 미만	100m³ 이상
채수구의 수	1개	2개	3개

중요 ▶ 소화수조·저수조의 저수량   교재 2권 P.155

$$저수량 = \frac{연면적}{기준면적}(절상) \times 20m^3$$

▮소화수조의 저수량 산출기준▮

구 분	기준면적
지상 1층 및 2층 바닥면적 합계 15000m² 이상	7500m²
기 타	12500m²

* 연결송수관설비
교재 2권 P.155, P.157
넓은 면적의 **고층** 또는 **지하건축물**에 설치

03 연결송수관설비 및 연결살수설비

1 정 의   교재 2권 P.155, P.157

연결송수관설비	연결살수설비
넓은 면적의 **고층** 또는 **지하건축물**에 설치하며, 화재시 **소방관**이 소화하는 데 사용하는 설비	연결살수용 송수구를 통한 소방펌프차의 송수 또는 펌프 등의 가압수를 공급받아 사용하도록 되어 있으며 소방대가 현장에 도착하여 송수구를 통하여 **물**을 **송수**하여 화재를 진압하는 소화활동설비

Key Point

2 연결송수관설비를 습식 설비로 하여야 하는 경우 교재 2권 P.156

(1) 높이 **31m** 이상
(2) **11층** 이상

3 연결살수설비 한쪽 가지배관의 헤드개수 교재 2권 P.157

한쪽 가지배관에 설치되는 헤드의 개수는 **8개** 이하로 한다.

* 한쪽 가지배관의 헤드개수
교재 2권 P.157
8개 이하

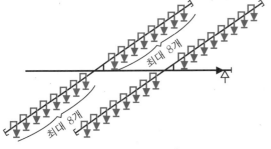

최대 8개

최대 8개

┃가지배관의 헤드개수┃

공하성 기억법 한8(한팔)

04 제연설비의 제연구역 선정과 제연설비의 차압

1 제연구역 선정 교재 2권 P.159

(1) **계단실** 및 **부속실**을 **동시**에 **제연**하는 것
(2) **부속실만**을 단독으로 **제연**하는 것

187

(3) **계단실만**을 단독으로 **제연**하는 것

(4) **비상용 승강기 승강장만**을 단독으로 **제연**하는 것

2 제연설비의 차압 　교재 2권 P.159

(1) 제연구역과 옥내와의 사이에 유지해야 하는 최소차압은 **40Pa**(옥내에 **스프링클러설비**가 설치된 경우는 **12.5Pa) 이상**

(2) 제연설비가 가동되었을 경우 출입문의 개방에 필요한 힘은 **110N 이하**

(3) 계단실 및 그 부속실을 동시에 제연하는 것 또는 계단실만 제연할 때의 방연풍속은 **0.5m/s 이상**

* 출입문의 개방력
　교재 2권 P.159
110N 이하

3 방연풍속 　교재 2권 P.159

제연구역		방연풍속
계단실 및 그 부속실을 동시에 제연하는 것 또는 계단실만 단독으로 제연하는 것		0.5m/s 이상
부속실만 단독으로 제연하는 것 또는 비상용 승강기의 승강장만 단독으로 제연하는 것	부속실 또는 승강장이 면하는 옥내가 거실인 경우	0.7m/s 이상
	부속실 또는 승강장이 면하는 옥내가 복도로서 그 구조가 방화구조(내화시간이 **30분** 이상인 구조 포함)인 것	0.5m/s 이상

4 거실제연설비의 점검방법 　교재 2권 P.162

(1) 감지기(또는 수동기동장치의 스위치) 작동

(2) **작동상태의 확인할 내용**

① 화재경보가 발생하는지 확인
② 제연커튼이 설치된 장소에는 제연커튼이 작동(내려오는지)되는지 확인
③ 배기 · 급기댐퍼가 작동하여 **개방**되는지 확인
④ 배풍기(배기팬) · 송풍기(급기팬)이 작동하여 송풍 및 배풍이 정상적으로 되는지 확인

05 비상콘센트설비 [교재 2권] [PP.163~164]

(1) 비상콘센트의 규격

구 분	전 압	용 량	극 수
단상교류	220V	1.5kVA 이상	2극

＊ 비상콘센트설비의 공급 용량 [교재 2권] [P.164]
1.5kVA 이상

(2) 설치높이
0.8~1.5m 이하

(3) 수평거리
50m 이하(지하상가 또는 지하층의 바닥면적 합계가 **3000m²** 이상은 **수평거리 25m** 이하)

06 연소방지설비 [교재 2권] [P.167]

1 구성요소

(1) 송수구
(2) 배관
(3) 방수헤드

* 연소방지도료의 도포

교재 2권 P.167

내화배선 제외

2 연소방지도료의 도포

지하구 안에 설치된 케이블·전선 등에는 연소방지용 도료를 도포하여야 한다(단, 케이블·전선 등을 규정에 의한 **내화배선**방법으로 설치한 경우와 이와 동등 이상의 **내화성능**이 있도록 한 경우는 **제외**).

소방계획 수립

성공을 위한 10가지 충고 Ⅱ

1. 도전하라. 그리고 또 도전하라.

2. 감동할 줄 알라.

3. 걱정·근심으로 자신을 억누르지 말라.

4. 신념으로 곤란을 이겨라.

5. 성공에는 방법이 있다. 그 방법을 배워라.

6. 곁눈질하지 말고 묵묵히 전진하라.

7. 의지하지 말고 스스로 일어서라.

8. 찬스를 붙잡으라.

9. 오늘 실패했으면 내일은 성공하라.

10. 게으름에 빠시시 밀다.

　　　　　　　　　- 긴형무의 「마음의 고통을 돕기 위한 10가지 충고」 중에서 -

제 **2** 편 소방계획 수립

Key Point

* **소방계획의 개념**

교재 2권 P.175

① 화재로 인한 재난발생
  사전예방 · 대비
② 화재시 신속하고 효율
  적인 대응 · 복구
③ 인명 · 재산 피해 최소화

01 소방안전관리대상물의 소방계획의 주요 내용

교재 2권 PP.175-176

(1) 소방안전관리대상물의 위치 · 구조 · 연면적 · 용도 및 수용인원 등 일반 현황

(2) 소방안전관리대상물에 설치한 소방시설 · 방화시설 · 전기시설 · 가스시설 및 위험물시설의 현황

(3) 화재예방을 위한 **자체점검계획** 및 **대응대책**

(4) **소방시설** · 피난시설 및 방화시설의 **점검** · **정비계획**

(5) 피난층 및 피난시설의 위치와 피난경로의 설정, 화재안전취약자의 피난계획 등을 포함한 피난계획

(6) **방화구획**, 제연구획, 건축물의 내부 마감재료 및 방염물품의 사용현황과 그 밖의 방화구조 및 설비의 유지 · 관리계획

(7) **소방훈련** 및 **교육**에 관한 계획

(8) 소방안전관리대상물 근무자 및 거주자의 **자위소방대** 조직과 대원의 임무(화재안전취약자의 피난보조임무를 포함)에 관한 사항

(9) **화기취급작업**에 대한 사전 안전조치 및 감독 등 공사 중 소방안전관리에 관한 사항

(10) **소화**와 **연소 방지**에 관한 사항

(11) 위험물의 저장 · 취급에 관한 사항

(12) 소방안전관리에 대한 업무수행기록 및 유지에 관한 사항

(13) 화재발생시 화재경보, 초기소화 및 피난유도 등 초기대응에 관한 사항

(14) 그 밖에 소방안전관리를 위하여 **소방본부장** 또는 **소방서장**이 소방안전관리대상물의 위치 · 구조 · 설비또는 관리상황 등을 고려하여 소방안전관리에 필요하여 요청하는 사항

02 소방계획의 주요 원리 교재 2권 P.176

(1) **종**합적 위험관리
(2) **통**합적 안전관리
(3) **지**속적 발전모델

> **공하성 기억법** 계종 통지(개종하도록 통지)

종합적 안전관리	통합적 안전관리		지속적 발전모델
	내 부	외 부	
• 모든 형태의 위험을 포괄 • 재난의 전주기적(예방·대비 → 대응 → 복구) 단계의 위험성 평가	협력 및 파트너십 구축, 전원 참여	거버넌스(정부-대상처-전문기관) 및 안전관리 네트워크 구축	PDCA Cycle(계획 : Plan, 이행/운영 : Do, 모니터링 Check, 개선 : Act)

03 소방계획의 작성원칙 교재 2권 PP.176-177

작성원칙	설 명
실현가능한 계획	① 소방계획의 작성에서 가장 핵심적인 측면은 위험관리 ② 소방계획은 대상물의 위험요인을 체계적으로 관리하기 위한 일련의 활동 ③ 위험요인의 관리는 반드시 **실현가능한 계획**으로 **구성**되어야 한다.
관계인의 참여	소방계획의 수립 및 시행과정에 소방안전관리대상물의 관계인, 재실자 및 방문자 등 **전원**이 **참여**하도록 수립

Key Point

＊ 소방계획의 수립절차 중 2단계(위험환경분석) 교재 2권 P.178
위험환경식별 → 위험환경분석·평가 → 위험경감대책 수립

작성원칙	설 명
계획수립의 구조화	체계적이고 전략적인 계획의 수립을 위해 **작성-검토-승인**의 3단계의 구조화된 절차를 거쳐야 한다.
실행 우선	① 소방계획의 궁극적 목적은 비상상황 발생시 신속하고 효율적인 대응 및 복구로 피해를 최소화하는 것 ② 문서로 작성된 계획만으로는 소방계획이 완료되었다고 보기 힘듦 ③ **교육 훈련** 및 **평가** 등 **이행**의 과정이 있어야 함

04 소방계획의 수립절차

1 소방계획의 수립절차 및 내용   교재 2권 | PP.177-178

수립절차	내 용
사전기획 (1단계)	소방계획 수립을 위한 **임시조직**을 구성하거나 위원회 등을 개최하여 법적 요구사항은 물론 **이해관계자**의 의견을 수렴하고 세부 작성계획 수립
위험환경 분석 (2단계)	대상물 내 물리적 및 인적 위험요인 등에 대한 **위험요인**을 식별하고, 이에 대한 분석 및 평가를 정성적·정량적으로 실시한 후 이에 대한 대책 수립
설계 및 개발 (3단계)	대상물의 **환경** 등을 바탕으로 소방계획 수립의 목표와 전략을 수립하고 세부 실행계획 수립
시행 및 유지관리 (4단계)	**구체적인** 소방계획을 수립하고 **이해관계자**의 소방서장 ✕ **검토**를 거쳐 최종 승인을 받은 후 소방계획을 이행하고 지속적인 개선 실시

* **소방계획의 수립절차 4단계(시행-유지관리)**
이해관계자의 검토

194

2 소방계획의 수립절차 요약 교재 2권 PP.177-178

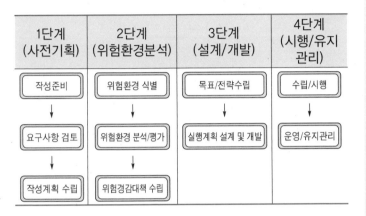

1단계 (사전기획)	2단계 (위험환경분석)	3단계 (설계/개발)	4단계 (시행/유지 관리)
작성준비	위험환경 식별	목표/전략수립	수립/시행
↓	↓	↓	↓
요구사항 검토	위험환경 분석/평가	실행계획 설계 및 개발	운영/유지관리
↓	↓		
작성계획 수립	위험경감대책 수립		

05 골든타임 교재 2권 P.181

CPR(심폐소생술)	화재시
4~6분 이내	5분

공하성 기억법 C4(가수 씨스타), 5골화(오골계만 그리는 화가)

＊ 화재시의 골든타임 교재 2권 P.181

5분

06 자위소방대 　교재 2권 P.182

구 분	설 명
편 성	소방안전관리대상물의 규모·용도 등의 특성을 고려하여 비상연락 초기소화, 피난유도 및 응급구조, 방호안전기능 편성
소방교육·훈련	연 1회 이상
주요 업무	화재발생시간에 따라 필요한 기능적 특성을 포괄적으로 제시

* 소방훈련·교육 실시횟수
　교재 2권 P.182
연 1회 이상

07 자위소방대 초기대응체계의 인원편성

교재 2권 P.186

(1) 소방안전관리보조자, 경비(보안)근무자 또는 대상물 관리인 등 **상시근무자**를 **중심**으로 구성한다.

┃ 자위소방대 인력편성 ┃

자위소방 대장	자위소방 부대장
① 소방안전관리대상물의 소유주 ② 법인의 대표 ③ 관리기관의 책임자	소방안전관리자

* 자위소방대 인력편성
소방안전관리자를 부대장으로 지정

(2) 소방안전관리대상물의 근무자의 **근무위치, 근무인원** 등을 고려하여 편성한다. 이 경우 소방안전관리보조자(보조자가 없는 대상처는 선임대원)를 운영책임자로 지정한다.

(3) 초기대응체계 편성시 **1명** 이상은 수신반(또는 종합방재실)에 근무해야 하며 화재상황에 대한 모니터링 또는 지휘통제가 가능해야 한다.

(4) **휴일** 및 **야간**에 **무인경비시스템**을 통해 감시하는 경우에는 무인경비회사와 비상연락체계를 구축할 수 있다.

Key Point

＊ 자위소방대 초기대응
   폐계의 인력편성
① 상시근무자를 중심으로
   구성
② 소방안전관리자를 부대
   장으로 지정

08 훈련종류 교재 2권 P.188

(1) **기**본훈련
(2) **피**난훈련
(3) **종**합훈련
(4) **합**동훈련

공하성 기억법 종합훈기피(종합훈련 기피)

09 화재대응 및 피난 교재 2권 PP.190-196

1 화재 대응 순서 교재 2권 PP.190-191

(1) 화재 전파 및 접수
(2) 화재신고
(3) 비상방송
(4) 대원소집 및 임무부여
(5) 관계기관 통보연락
(6) 초기소화

2 화재시 일반적 피난행동 [교재 2권 PP.191-192]

(1) 엘리베이터는 절대 이용하지 않도록 하며 계단을 이용해 옥외로 대피한다.

(2) 아래층으로 대피가 불가능한 때에는 옥상으로 대피한다.

(3) 아파트의 경우 세대 밖으로 나가기 어려울 경우 **세대 사이**에 설치된 **경량칸막이**를 통해 옆세대로 대피하거나 **세대 내 대피공간**으로 대피한다.

대피공간 ×

(4) 유도등, 유도표지를 따라 대피한다.

(5) 연기 발생시 최대한 **낮은 자세**로 이동하고, 코와 입을 **젖은 수건** 등으로 막아 연기를 마시지 않도록 한다.

(6) 출입문을 열기 전 문손잡이가 뜨거우면 문을 열지 말고 다른 길을 찾는다.

(7) 옷에 불이 붙었을 때에는 눈과 입을 가리고 바닥에서 뒹군다.

(8) 탈출한 경우에는 절대로 다시 화재건물로 들어가지 않는다.

3 휠체어사용자 [교재 2권 P.196]

평지보다 계단에서 주의가 필요하며, 많은 사람들이 보조할수록 상대적으로 쉬운 대피가 가능하다.

Key Point

* 경량칸막이 vs 대피공간

[교재 2권 PP.191-192]

경량칸막이	대피공간
세대 사이에 설치	세대 내 설치

10 소방계획서 작성내용 교재 2권 PP.209-210

예방 및 완화	대 비	대 응	복 구
● 일반현황 작성 ● 자체점검 및 업무대행 ● 일상적 안전관리 ● 화재예방 및 홍보 ● 화기취급 감독	● 공동소방 안전관리 협의회 ● 자위소방대 ·초기대응 체계 구성 및 운영 ● 교육훈련 및 자체평가	● 비상연락 ● 초기대응 ● 피난유도	● 화재피해 복구

11 소방안전관리자 현황표 기입사항

교재 2권 P.237

(1) 소방안전관리자 현황표의 대상명
(2) 소방안전관리자의 이름
(3) 소방안전관리자의 연락처
(4) 소방안전관리자의 선임일자
　　　　　　수료일자 ✕
(5) 소방안전관리대상물의 등급

＊ 과태료
지정된 기한 내에 어떤 의무를 이행하지 않았을 때 부과하는 돈

Key Point

Key Point

12 소방안전관리자 현황표의 규격

교재 2권 P.237

구 분	설 명
크기	A3용지(가로 420mm×세로 297mm)
재질	아트지(스티커) 또는 종이
글씨체	• 소방안전관리자 현황표 : 나눔고딕 Extra Bold 46point(흰색) • 대상명 : 나눔고딕Extra Bold 35point (흰색) • 본문 제목 및 내용 : 나눔바른고딕 30point • 하단내용 : 나눔바른고딕 24point • 연락처 : 나눔고딕Extra Bold 30point (흰색)
바탕색	남색(RGB : 28,61,98), 회색(RGB : 242,242, 242)

13 화기취급 작업절차 교재 2권 P.242

화재예방 조치	화재감시인 입회 및 감독
① 가연물 이동 및 보호조치 ② 소화설비(소화·경보) 작동 확인 ③ 용접·용단장비·보호구 점검	① 화재감시자 지정 및 입회 ② 개인보호장구 착용 ③ 소화기 및 비상통신장비 비치

* 화재감시인 입회 및 감독
① 화재감시자 지정 및 입회
② 개인보호장구 착용
③ 소화기 및 비상통신장비 비치

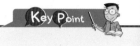

14 화재감시인 감독수칙 교재 2권 P.270

사전확인	현장감독
① 화기취급작업 사전허가서 발급 여부	① 통신장비(무전기, 휴대전화) 및 소화기를 갖추고 감독
② 작업허가서의 안전조치 요구사항 이행 여부	② 화기취급작업 현장에 상주하며 다른 업무수행 금지
③ 작업지점(반경 11m 이내) 가연물의 이동(제거)	③ 용접·용단 작업에 사용되는 장비의 안전한 사용 여부 확인
④ 이동(제거)이 불가능한 가연물의 경우 차단막 등 설치 확인	④ 화기취급작업시 불티의 비산 및 가연물 착화 여부 확인
⑤ 소방시설 정상 작동 및 소화기 비치(2대 이상)	⑤ 작업현장 내 라이터 사용 및 흡연 여부 감독
⑥ 비상연락체계 확인(방재실, 현장 작업책임자 등)	⑥ 작업시 위험상황이 발생하는 경우, 작업을 즉시 중단
⑦ 용접·용단장비 및 개인보호구 상태 점검	⑦ 기타 작업허가서의 허가내역 및 안전요구사항 준수 확인
⑧ 작업현장의 출입제한구역 설정 및 차량 통제 등(필요시)	
⑨ 작업계획을 사전에 공지(통보, 방송 등)	
⑩ 작업허가서 및 안전수칙 현장 게시	

Key Point

＊ 화재감시인 사전확인 사항
용접·용단장비 및 개인보호구 상태점검

제3편

소방안전교육 및 훈련

기억전략법

읽었을 때 10% 기억

들었을 때 20% 기억

보았을 때 30% 기억

보고 들었을 때 50% 기억

친구(동료)와 이야기를 통해 70% 기억

누군가를 가르쳤을 때 95% 기억

Key Point

▌소방교육 및 훈련의 원칙▐ 　교재 2권 PP.298-299

원 칙	설 명
현실의 원칙	• **학습자**의 **능력**을 고려하지 않은 훈련은 비현실 적이고 불완전하다.
학습자 교육자 중심 × 중심의 원칙	• **한** 번에 **한 가지씩** 습득 가능한 분량을 교육 및 훈련시킨다. • 쉬운 것에서 어려운 것으로 교육을 실시하되 기능적 이해에 비중을 둔다. • 학습자에게 감동이 있는 교육이 되어야 한다. 공하성 기억법 **학한**
동기부여의 원칙	• **교육**의 **중요성**을 전달해야 한다. • 학습을 위해 적절한 **스케줄**을 적절히 배정해 야 한다. • 교육은 **시기적절**하게 이루어져야 한다. • 핵심사항에 **교육**의 포커스를 맞추어야 한다. • 학습에 대한 **보상**을 제공해야 한다. • 교육에 **재미**를 부여해야 한다. • 교육에 있어 **다양성**을 활용해야 한다. • 사회적 **상호작용**을 제공해야 한다. • **전문성**을 공유해야 한다. • **초기성공**에 대해 격려해야 한다.
목적의 원칙	• 어떠한 **기술**을 어느 정도까지 익혀야 하는가를 명확하게 제시한다. • 습득하여야 할 **기술**이 활동 전체에서 어느 위 치에 있는가를 인식하도록 한다.

* **소방교육 및 훈련의 원칙**
　교재 2권 PP.298-299
① **현**실성의 원칙
② **학**습자 중심의 원칙
③ **동**기부여의 원칙
④ **목**적의 원칙
⑤ **실**습의 원칙
⑥ **경**험의 원칙
⑦ **관**련성의 원칙

공하성 기억법
현학동 목실경관교

* **학습자 중심의 원칙**
　교재 2권 P.298
① **한** 번에 한 가지씩 습 득 가능한 분량을 교육 · 훈련시킬 것
② 쉬운 것에서 어려운 것으 로 교육을 실시하되 기능 적 이해에 비중을 둘 것

공하성 기억법
학한

원 칙	설 명
실습의 원칙	• **실습**을 통해 지식을 습득한다. • **목적**을 생각하고, 적절한 **방법**으로 정확하게 하도록 한다.
경험의 원칙	• **경험**했던 사례를 들어 현실감 있게 하도록 한다.
관련성의 원칙	• 모든 교육 및 훈련 내용은 **실무적**인 **접목**과 **현장성**이 있어야 한다.

공하성 기억법   현학동 목실경관교

＊ 소방교육 및 훈련의 원칙
교육자 중심의 원칙은 해당 없음

작동점검표
작성 실습

인생에 있어서 가장 힘든 일은
아무것도 하지 않는 것이다.

작동점검표 작성 실습

✻ 작동점검
소방시설 등을 인위적으로 조작하여 정상적으로 작동하는지를 점검하는 것

01 작동점검 전 준비 및 현황확인 사항

교재 2권 | P.319

점검 전 준비사항	현황확인
① 협의나 협조 받을 건물 **관계인** 등 연락처를 사전 확보	① **건축물대장**을 이용하여 건물개요 확인
② 점검의 목적과 필요성에 대하여 건물 관계인에게 사전 안내	② 도면 등을 이용하여 설비의 개요 및 설치위치 등을 파악
③ 음향장치 및 각 실별 방문점검을 미리 공지	③ 점검사항을 토대로 점검순서를 계획하고 점검장비 및 공구를 준비
	④ 기존의 점검자료 및 조치결과가 있다면 점검 전 참고
	⑤ 점검과 관련된 각종 법규 및 기준을 준비하고 숙지

02 작동점검표 작성을 위한 준비물

교재 2권 | PP.319-320

(1) 소방시설 등 자체점검 실시결과보고서
(2) 소방시설 등[작동, 종합(최초점검, 그 밖의 점검)]점검표
(3) 건축물대장
(4) 소방도면 및 소방시설 현황
(5) 소방계획서 등

03 소화기구 및 자동소화장치 작동점검표 점검항목

교재 2권 P.328

(1) 소화기의 변형·손상 또는 부식 등 외관의 이상 여부

(2) 지시압력계(녹색범위)의 적정여부

(3) 수동식 분말소화기 내용연수(10년) 적정 여부

* **지시압력계 압력범위**
0.7~0.98MPa

2024 소방안전관리자 1급 합격노트 무료강의

2024. 1. 3. 초 판 1쇄 인쇄
2024. 1. 10. 초 판 1쇄 발행

지은이 | 공하성
펴낸이 | 이종춘
펴낸곳 | BM (주)도서출판 성안당
주소 | 04032 서울시 마포구 양화로 127 첨단빌딩 3층(출판기획 R&D 센
10881 경기도 파주시 문발로 112 파주 출판 문화도시(제작 및 물
전화 | 02) 3142-0036
031) 950-6300
팩스 | 031) 955-0510
등록 | 1973. 2. 1. 제406-2005-000046호
출판사 홈페이지 | www.cyber.co.kr
ISBN | 978-89-315-2899-2 (13530)
정가 | 13,000원

이 책을 만든 사람들
기획 | 최옥현
진행 | 박경희
교정·교열 | 최주연
전산편집 | 이지연
표지 디자인 | 박현정
홍보 | 김계향, 유미나, 정단비, 김주승
국제부 | 이선민, 조혜란
마케팅 | 구본철, 차정욱, 오영일, 나진호, 강호묵
마케팅 지원 | 장상범
제작 | 김유석

※ 잘못된 책은 바꾸어 드립니다.